南疆地区
主要蔬菜新品种引育
与优质栽培技术

赵 维 崔义河 张 娟 主编

中国农业科学技术出版社

图书在版编目（CIP）数据

南疆地区主要蔬菜新品种引育与优质栽培技术 / 赵维，崔义河，张娟主编. --北京：中国农业科学技术出版社，2023.3

ISBN 978-7-5116-6148-7

Ⅰ.①南… Ⅱ.①赵… ②崔… ③张… Ⅲ.①蔬菜－引种栽培－南疆②蔬菜园艺－南疆 Ⅳ.①S63

中国版本图书馆CIP数据核字（2022）第 247064 号

责任编辑　白姗姗
责任校对　马广洋
责任印制　姜义伟　王思文

出 版 者　中国农业科学技术出版社
　　　　　北京市中关村南大街 12 号　　邮编：100081
电　　话　（010）82106638（编辑室）　（010）82109702（发行部）
　　　　　（010）82109709（读者服务部）
网　　址　https://castp.caas.cn
经 销 者　各地新华书店
印 刷 者　北京地大彩印有限公司
开　　本　148 mm×210 mm　1/32
印　　张　5.375
字　　数　150 千字
版　　次　2023 年 3 月第 1 版　　2023 年 3 月第 1 次印刷
定　　价　48.00 元

《南疆地区主要蔬菜新品种引育与优质栽培技术》

组织编写单位

山东省农业科学院
东营市对口支援新疆疏勒县工作指挥部
东营市农业农村局

技术支持单位

山东省农业科学院蔬菜研究所
山东省农业科学院植物保护研究所
东营市农业综合服务中心
新疆农业科学院园艺作物研究所
青岛农业大学园艺学院
疏勒县农业农村局

《南疆地区主要蔬菜新品种引育与优质栽培技术》

编委会

主　编：赵　维（山东省农业科学院蔬菜研究所，副研究员）

　　　　崔义河（东营市农业综合服务中心，正高级农艺师）

　　　　张　娟（东营市农业综合服务中心，农艺师）

副主编：王红梅（东营市农业综合服务中心，高级农艺师）

　　　　王　浩（新疆农业科学院园艺作物研究所，研究员）

　　　　刘立锋（山东省农业科学院蔬菜研究所，副研究员）

　　　　李翠梅（疏勒县农业农村局，高级农艺师）

　　　　张　博（山东省农业科学院植物保护研究所，副研究员）

编　委：（以姓氏笔画排序）

　　　　王　强（新疆农业科学院园艺作物研究所，研究员）

　　　　王明霞（东营市东营区农业综合服务中心，高级农艺师）

　　　　曲学勇（东营市科普服务中心，副研究员）

　　　　庄红梅（新疆农业科学院园艺作物研究所，副研究员）

　　　　刘　洁（东营市农业综合服务中心，工程师）

刘会芳（新疆农业科学院园艺作物研究所，助理研究员）

刘爱清（山东省农业科学院蔬菜研究所，助理研究员）

孙文彦（东营市农业综合服务中心，高级农艺师）

苏晓光（疏勒县农业农村局，高级农艺师）

苏晓梅（山东省农业科学院蔬菜研究所，助理研究员）

李　凡（山东省农业科学院植物保护研究所，研究员）

李　敏（青岛农业大学园艺学院，研究员）

李成刚（山东省农业科学院蔬菜研究所，助理研究员）

张泉城（济南威尔种子有限公司，总经理）

赵丽娟（山东省农业科学院蔬菜研究所，助理研究员）

姜浩强（东营市农业综合服务中心，农艺师）

常尚连（东营市农业科学研究院，副研究员）

葛玉琪（东营市农业综合服务中心，农业经济师）

董道峰（山东省农业科学院蔬菜研究所，研究员）

韩宏伟（新疆农业科学院园艺作物研究所，副研究员）

程　斐（青岛农业大学园艺学院，副研究员）

‖ 序 言 ‖

农为邦本，本固邦宁。

自2020年初进疆以来，东营第十批对口援疆指挥部党委坚持以习近平新时代中国特色社会主义思想为指导，深刻学习领会习近平总书记关于"三农"工作重要论述，深入贯彻落实习近平总书记考察调研新疆时重要讲话、重要指示精神，扎实贯彻落实第三次中央新疆工作座谈会和第八次全国对口支援新疆工作会议精神，严格落实鲁疆两地党委关于援疆工作的各项决策部署，加大资金扶持和"外引内培"力度，精心设立和科学实施各类农业援疆项目，引进国内知名省级科研院所专业人才，成立产研院，设立工作站，构建集产学研教创、成果转化、技术培训与人才培养为一体的产业科技服务体系，务实推进产业援疆、科技援疆、智力援疆，有力促进蔬菜产业与科技深度融合，产品质量、效益和竞争力得到显著提升，乡村发展、乡村建设、乡村治理等工作扎实推进，乡村振兴迈出坚实步伐。

新疆维吾尔自治区喀什地区疏勒县是典型的农业大县。相较于内地农业发达地区，全县农业产业发展方式较为粗放，产业布局较为分散，发展基础比较薄弱，乡村产业体量偏小，发展后劲不足，产业融合不够紧密，技术人才缺乏，科技贡献率低，种植管理水平低下，散低小弱问题突出，资源优势没有充分发挥，没有形成有影响力的"拳头"产品。技术和人才是产业发展的最大短板。

当前，已迈入全面推进乡村振兴、加快农业农村现代化时代。援疆工作必须立足新发展阶段，贯彻新发展理念，构建新发展格局，以习近平新时代中国特色社会主义思想为指引，完整准确贯彻新时代党的治疆方略，全面深入学习贯彻党的二十大精神，坚持农业农村优先发展，聚焦"富民兴疆"发展定位，把乡村振兴产业兴旺作为重中之重，强化科技支撑，深入实施科技兴农、质量强农、品牌富农战略，加强农业绿色生态、提质增效技术等研发应用，积极开展相关技术培训与技术服务，实行良种良法良技相配套，促进产学研一体化进程，给农业插上科技的翅膀。

产业兴旺，科技先行。宣传、普及和推广先进适用的优良新品种和实用新技术乃当务之急，东营对口援疆指挥部组织相关单位、有关专家与技术人员编写的《南疆地区主要蔬菜新品种引育与优质栽培技术》一书，图文并茂、技术先进、内容翔实，针对性、适用性、操作性和可读性强。希望通过此书的出版发行，培养更多的技术人才，进一步提高全县蔬菜种植技术普及率和到位率，实现品种优、技术优、管理优、品质优、价格优的发展目标，让更多科技成果贡献农业、惠及农民、赋能农村，努力为喀什地区蔬菜产业做大做强做出更大的贡献。

疏勒县委副书记

东营市对口支援新疆疏勒县工作指挥部党委书记、指挥

2023年3月

‖ 前 言 ‖

　　实现农业农村现代化,关键在科技,重点在人才。现代农业是以现代科技武装农业、农村和农民,不断提高农业的科技水平、管理水平和农民素质的高科技农业。加快实现农业农村现代化,必须提升农业科技水平,加速农业科技成果转化,提高农民科技素质,大力推进产学研、农科教相结合,强化应用科技研究,组建农业优秀团队,培育引进优良新品种,推广先进适用新技术,传授产业发展新理念,服务产业结构调整,为农业农村现代化做好科技支撑。

　　蔬菜产业是疏勒县支柱产业,种植面积不断扩大,设施农业发展迅速,产量不断增长,很好地发挥了喀什菜篮子作用。但是,在各乡镇、种植大户、农业园区等蔬菜主产区,无论是在生产上,还是在管理上,都存在一些影响蔬菜品质和产量的技术问题,全县也没有形成一套标准的生产管理技术规范,良种良法良技相互不配套,各级农技推广部门和农业技术人员技术理论知识也非常欠缺,在田间地头和进村入户技术宣传与推广时,存在较大盲目性和随意性。特别是随着优质新品种的引进推广应用,栽培种植与管理方式发生了新的变化,同时随着蔬菜连茬种植,有害生物种群结构也发生了相应变化,一些重大病虫由于品种和气候等原因越来越猖獗,原来的一些次要病虫害上升为主要病虫害,解决这一系列问题迫在眉睫。

　　为促进喀什地区乃至南疆地区蔬菜产业发展,弥补技术与管理上的不足,我们加强技术科研与生产实践相结合,在东营援疆指挥部项目扶持下，在山东省农业科学院蔬菜所、东营市农业综合服务中心、疏勒县农业农村局等相关部门单位技术支持下，我们组织种子管理、蔬菜栽培、病虫害防治、农技推广等方面的专家和种植经验丰富的技术人员编写了《南疆地区主要蔬菜新品种引育与优质栽培技术》一书。本书为实用性技术手册，内容丰富，技术先进，针对性和实操性强，供南疆地区各农业部门指导蔬菜生产使用，既可作为蔬菜生产技术培训教材，也可为蔬菜科技工作者参考。

我们在编撰过程中，借鉴吸收了部分公开发表的文献资料和种植技术，在此谨向原作者（原创）表示衷心感谢，也向提供帮助和技术支持的各级管理部门和科研院所的领导、专家表示衷心感谢。

由于时间紧，编者掌握知识不够，水平有限，实践经验较为欠缺，书中难免出现疏漏，恳请读者、同行批评指正。

编　者
2023年2月

‖ 目 录 ‖

第一章 大白菜

大白菜（学名：*Brassica rapa* var. *glabra* Regel）属十字花科芸薹属芸薹种大白菜亚种，也称为结球白菜。多数外叶有茸毛，少数无毛，茎生叶有蜡粉。基生叶2枚，与子叶垂直排列成"十"字形，叶长椭圆形，有明显的叶柄。中生叶倒卵状长圆形至宽倒卵形，顶端圆钝，边缘皱缩，波状，中肋白色或淡绿色，扁平。顶生叶构成叶球，叶球抱合方式为褶抱、合抱、叠抱和拧抱。总状花序，完全花，花瓣4枚，交叉对生，花瓣黄色，呈倒卵形，基部有蜜腺，为虫媒花。长角果，圆筒形，长3~6 cm，成熟时纵裂为两瓣；种子圆形而微扁，有纵凹纹，千粒重2.5~4.0 g，红褐色至灰褐色。5月开花，6月结果。

大白菜原分布于我国华北，我国各地广泛栽培，已成为我国栽培面积最大、总产量最高的蔬菜。大白菜比较耐寒，喜好冷凉气候，不适于栽植在排水不良的黏土地上。

大白菜口感好、产量高、营养丰富，含有多种维生素、纤维素和微量元素、蛋白质和糖类等，素有"百菜不如白菜"之说，是"百菜之王"。

第一节　品　种

一、高春黄

生长期55~60 d。中小型，单球重1~1.5 kg，净菜率72%以上。心叶黄色，叶面微皱。球叶扣抱，柱形。口感好，质地脆嫩，熟食易烂。耐抽薹性强。抗病毒病、霜霉病、软腐病。亩（1亩≈667 m²）产3 000～5 000 kg。

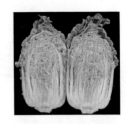

二、君川尊者

春秋均可种植，定植后50～55 d可收获。植株长势强，半直立，开展度约45 cm，外叶深绿，中肋绿白色，泡状突起多，叶球合抱，炮弹形，球高约29 cm，直径约16 cm，净菜球重约2.5 kg，球叶绿色，内叶黄色，抗芜菁花叶病毒病和霜霉病，耐抽薹性较强。在适宜的季节、区域种植，产量表现稳定，抗病性好。

三、吉锦

杂交种。早熟，适宜春播春收，生育期60 d左右。株型比较紧凑，株高约40 cm，开张度约55 cm。叶球轻度抱合，叶球紧实度好，单球重约2.8 kg，净菜率约75%。高感芜菁花叶病毒病，感霜霉病，不抗根肿病；较晚抽薹，而且不易出现因缺钙引起的叶缘腐烂和烂心的症状。

四、改良青杂三号

植株披张，开展度约66 cm，株高约45 cm，外叶绿色，叶面较皱，叶脉细，中肋薄而平，浅绿色，叶球短圆筒形，叠抱，球顶

圆，球高约28 cm，直径约24 cm，单球重4.5~5 kg，中晚熟，生长期85 d左右，一致性高，丰产，一般亩产商品菜6 500~7 000 kg，对霜霉病、软腐病抗性较强，风味质量好，适合包装运输，耐贮藏。适宜长江中下游及山东、河北、河南、安徽、陕西、山西、甘肃、新疆及东北三省等省、自治区种植。

五、丰抗78

生长期80 d左右，叶色深绿，球叶合抱或扣抱，叶球炮弹形，植株生长势强，株高51 cm左右，结球紧实，商品性好，质量风味优良，单球重8 kg左右，高产稳产，净菜率80%，抗霜霉、软腐、病毒病，适应性广。山东地区8月5—20日（日平均温度24~25℃）起垄播种，在南疆7月底至8月5日起垄播种，每亩定植2 200株左右。其他地区请参照当地经验栽培管理。

六、丰抗70

生长势较强，株高40~45 cm，开展度65 cm左右。外叶较少，淡绿色，叶面稍皱，叶柄白色，帮小而薄。叶球倒圆锥形，叠抱，球心闭合，单株重6~8 kg，净菜率75%以上。球叶细嫩，质量佳。该品种中早熟，生长期70~75 d，抗病毒病和软腐病，对霜霉病抗性稍差，耐水肥。一般每亩产5 000 kg以上。适于国内各地秋季种植大白菜的区域。

七、北京小杂56

早熟，生育期50~60 d。植株整齐一致，生长速度快，株高40~50 cm，开展度约60 cm。外叶浅绿，有茸毛，舒心，心叶黄，

中肋白色，较薄。叶球中高桩，外展内包，球形指数为2.1。单株毛菜重2.5 kg左右，净菜重2 kg左右，净菜率80%。较抗病、耐热、耐湿，适应性广、质量中上，商品性好。最适秋播，也可春播，全国各地皆宜种植。

八、佳秋01

为一代杂交种，叶球柱状扣抱，株型紧凑，外叶深绿色，叶柄白色，有刺毛，生长期70~72 d，单株平均净重3.3 kg，净菜率75.6%，抗病毒病，抗霜霉病，较抗软腐病，无夹皮烂，食用品质较好。推荐种植密度2 200~2 400株，亩产净菜7 200 kg以上。适合秋季栽培。

九、义和秋

生育期80~85 d。外叶绿色，中肋绿白色；株高46 cm左右，最大叶长47.1 cm，最大叶宽35.9 cm。叶面较皱，叶柄薄，叶球上部色泽浅绿，叠抱，短圆筒形，球顶圆，球高29 cm左右，球径22 cm左右，单株重5 kg左右，净菜率高，口味品质佳，耐贮性好。抗芜菁花叶病毒病、霜霉病，高抗软腐病，耐抽薹性中。适宜在山东、河南、河北、山西、陕西、甘肃、宁夏、新疆、内蒙古、黑龙江、吉林、辽宁、江苏、安徽、浙江、上海、湖南、湖北、江西、云南、贵州、四川等地区种植。山东地区8月12—16日播种，其他地区根据当地气候与栽培管理经验适当调整播期。

十、北京新三号

中晚熟一代杂交品种，生长期80 d，株型较直立，生长势较旺，株高50 cm，开展度75 cm，外叶13片，叶色较深。叶面稍皱，叶球中桩叠抱，结球紧实，球高33 cm，球宽19.3 cm，球形指数1.7，单株净菜重4 kg左右，净菜率81%，亩产净菜7 500～8 500 kg，抗病性强，品质好，耐贮藏。适于北京及华北、东北、西北地区。

十一、安秀

早熟品种，定植后55～60 d成熟。株型直立，开展度45～50 cm，叶球叠抱，球高20～22 cm，球径15 cm左右。球内叶淡黄色，采收期平均单株净菜质量1.8～2.2 kg。耐抽薹性好，中抗霜霉病、中抗软腐病、中抗根肿病，中抗病毒病，冷凉季节试验期间未有病毒病发生。适宜山东青岛市、烟台市、潍坊市、临沂市、菏泽市等以及生态环境相似的区域春季栽培。

第二节　栽培技术

一、栽植季节

喀什北部区域以及以北的克州、阿克苏等地，秋季播种时间宜在7月中下旬，喀什南部区域以及以南的和田地区秋季宜在8月上旬播种，确保生育期满足。有些耐抽薹的大白菜品种也可春季3—4月种植，春季种植大白菜时要注意温度不能太低（因为大白菜春化温度2～5℃，生长适温为12～22℃），否则容易抽薹，影响大白菜质量。春季可用塑料拱棚进行保护地栽培。部分耐热大白菜品种也可夏季5—7月种植，夏季种植大白菜时要注意后期温度不能太高，否则影响结球。选择优质合适的品种及种植季节，可实现大白菜多季种植。

二、选地、整地、作畦、重施基肥

1. 选地

大白菜的根系较浅，对土壤水分和养料要求高，一般选择地势平坦、排灌方便、耕层深厚、保水保肥力较强、疏松透气、微酸至中性的土壤，以粉沙壤土、壤土及轻黏土为宜。大白菜连作容易发病，应避免与十字花科蔬菜连作，可选择前茬是早豆角、早辣椒、早黄瓜、早番茄的地栽培，提倡粮菜轮作。

2. 整地

整地前施足底肥，每亩施腐熟有机肥4 000～5 000 kg（或商品有机肥350～400 kg）、氮磷钾复合肥50 kg、过磷酸钙30 kg、微生物肥料60 kg，深耕20～27 cm，炕地10～15 d，然后把土块敲碎、耙细、整平。宜起垄种植，垄底宽30 cm，垄顶宽20 cm，垄距40～65 cm，垄高15～20 cm。排水好的地块也可平畦栽培，整平后做成1.5 m宽的平畦，按40～65 cm的株行距划沟播种，覆土1 cm。培垄的目的是便于施肥浇水，减轻病害。培垄后粪肥往垄沟里灌，不能黏附叶及叶柄；水往沟里灌，不浸湿白菜基部，同时保持沟内空气流通，减小株间空气湿度，以减少软腐病的发生。

三、播种和育苗移栽

秋白菜为争取较长的生长期而获得高产，应尽可能提早播种，播期的早晚与大白菜产量和质量的关系极为密切。早播生长期长，球大，紧实，产量高。大白菜在温度5℃以下时停止生长，因此在入冬后低温期到来较早的年份，晚播减产更为明显。

1. 直播

大白菜一般直播，也可育苗后移栽。直播以条播为主，点播为辅。直播是在整好的垄或畦内划沟，深约1.5 cm，人工顺沟播种，然后覆土、镇压，每亩用种80~100 g。幼苗出土后，根据出苗情况及时进行间苗，去掉病弱苗，一般间苗2~3次，每隔6~7 d进行1次，团棵时定苗，定苗时株距40~60 cm。

2. 育苗移栽

每平方米苗床用种1.5~2.0 g，采用育苗畦育苗。撒施腐熟的有机肥5 000 kg/亩，深翻后做成1~1.5 m宽的平畦，长度以15~20 m为宜，深翻耙平，播前畦内灌足底水，水渗下后将种子撒播于畦内，播后覆盖细土1 cm。1片真叶期和2~3片真叶期各间苗1次，留苗距4~5 cm，苗龄为18~20 d，幼苗具有5~6片叶时，按株行距定植。移栽时带土移栽，在阴天或者傍晚进行。

四、田间管理

1. 水分管理

大白菜喜水不耐涝，遭遇长期降雨天气要及时将田间的积水排出。

秋季温度高，高温干旱幼苗生长不良，衰弱。大白菜苗期应轻浇勤水，保持土壤湿润，以利于降低土壤温度，灌水时应在傍晚或夜间地温降低后进行；从团棵到莲座期，可适当浇水，保持地面见干见湿，后期适当控水蹲苗。结球期对水分要求较高，从莲座期结束后至结球中期，保持土壤湿润是大白菜丰产的关键要素。莲座期结束后要轻浇1次水，水量不宜过大以防叶柄开裂；然后隔2~3 d再接着浇第2次水，以后一般5~6 d浇1次水，使土壤保持湿润。要求缓慢灌入，切忌满畦，水渗入土壤后，应及时排出余水，做到沟内不积水，畦面不见水，根系不缺水。收获前5~7 d停止浇水，以提高耐贮性。

2. 追肥

大白菜定植成活后，根据植株长势要及时追肥，整个生长期追肥2~3次，施肥原则为先淡后浓：幼苗期轻施，莲座期、结球期重施。定苗后幼苗长到8~10片叶时追1次发棵肥，供给莲座叶生长所需养分，尿素10 kg，适当配合磷钾肥。结球期追肥2次，第一次在莲座叶全部长大、植株中心幼小球叶出现卷心时追"结球肥"，每亩于行间沟施硫酸铵20 kg、过磷酸钙及硫酸钾各10~15 kg，或尿素7 kg+氮磷钾复合肥14 kg混合均匀后追施；15~20 d后抽筒时进行第二次追肥，即"灌心肥"，每亩顺水施入氮磷钾复合肥20 kg，或尿素7 kg+氮磷钾复合肥14 kg，混合均匀后追施。可在垄上铺设滴灌带进行水肥一体化滴灌和施肥，既节水节肥，又能减少病害发生。

3. 中耕培土

结合间苗、定苗进行中耕除草2~3次，以不伤根为度，掌握"头锄浅、二锄深、三锄不伤根"原则。在苗出齐后结合第一次间苗时进行第一次中耕除草，中耕深度为1~2 cm，要求除净小草。定苗后进行第二次中耕除草，要求细、深中耕，在行间或沟底深中耕5~6 cm，植株附近稍浅，把地锄松拉透，根际周围的草要拔干净。

久雨转晴之后，应及时中耕炕地，促进根系的生长。莲座后期结合施肥培土，垄高10~13 cm。

4. 束叶和覆盖

大白菜的包心结球是生长发育的必然规律，常规情况下不需要束叶。早熟品种不需要束叶和覆盖。但晚熟品种若遇寒冷天气，为促进其结球良好，延迟采收供应，小雪后需把外叶扶起来，拢在一起，在叶球2/3处捆扎绑好，摘除一片外部老叶盖在上面，能保护心叶免受冻害，还具有软化叶球外叶作用，提高质量，便于收获和运输。

五、病虫害防治

大白菜较常见的病害有病毒病、软腐病、霜霉病和干烧心病，常见的虫害主要有菜青虫、小菜蛾、甜菜夜蛾、蚜虫和白粉虱等。

对于大白菜病虫害，应预防为主、综合防治，优先采用农业防治、物理防治、生物防治，配合施用农药防治。选用抗（耐）病优良品种，播前种子消毒处理，实行轮作倒茬，放置粘虫黄板或张挂铝银灰色或乳白色反光膜等方式，均可防治病虫害。严禁施用高毒、高残留农药。

1. 病毒病

苗期叶片皱缩，叶脉坏死，整个生育期均可侵染白菜，药剂防治用20%的病毒A500倍液在发病初期开始喷洒，隔7~10 d 1次，连续防治2~3次。

2. 软腐病

多发生在结球期，病株多在叶缘呈"V"形病斑，逐渐向内扩展，病斑周围组织变黄，重时叶片干枯。烂帮烂心，菜帮根部的维管束变黑。昆虫及农事活动均能传播此病。可喷洒75%百菌清可湿性粉剂600~800倍液，莲座后期用新植霉素4 000倍液，或3%中生菌素可湿性粉剂1 000倍液喷雾防治。

3. 霜霉病

初期在叶背面出现白色的霉层，发病早而严重的地块常常干枯而死。用25%双炔酰菌胺悬浮剂1 500倍液或72%霜脲锰锌可湿性粉剂600~800倍液，轮换使用，7~10 d喷1次，连续防治2~3次。

4. 干烧心病

首先从菜株内部嫩叶的边缘开始，即边缘褪绿成黄色，最后变成深褐色而干枯。在生长期特别是包心初期喷施0.3%的氯化钙溶液或0.25%~0.50%硝酸钙溶液，可降低发病率。

5. 虫害

蚜虫、白粉虱用10%吡虫啉可湿性粉剂1 000~1 500倍液，或10%啶虫脒1 000~1 500倍液交替使用，喷洒2~3次，注意喷洒叶片背面；菜青虫、甜菜夜蛾在3龄前用2.5%高效氯氰菊酯2 000倍液，或4.7%高效氯氟氰菊酯3 000倍液，交替喷雾。

六、采收

采收时一般以"八成心"最好。需要进行冬季贮藏的大白菜，一般在小雪节气前后收获。

贮藏前应适当晾晒，晴天1 d即可。入贮前若处理后温度较高，将大白菜在库外码成长方形或圆形的垛进行预贮。

七、贮藏

1. 家庭式储存

先把大白菜放在室外晾晒2~3 d，当外帮发蔫、不易折断时，对白菜进行整理，清除黄帮、烂叶后，把大白菜堆放在0℃左右的室外存放。室外温度低于-5℃时，需采取防寒措施，以免大白菜被冻伤。在堆放大白菜的底部垫上木板，避免大白菜直接接触地面，同时要叶球向外、根部向内。在储存过程中，要及时去掉腐烂的大白菜。

2. 埋藏法

选择地势平坦、土质黏实、排水良好的地块，挖出宽约1.7 m、深1.5~2 m的深沟，长以东西向为佳，长度以地理环境而定。在底部铺上稻草，将大白菜晾晒3~5 d后放入深沟内储存。放置时，根朝下排紧菜棵，使上面菜头平齐，放置好后在大白菜上铺一层草，然后用土填上。

3. 窖藏法

先将大白菜放在背风向阳处预存10～20 d，当外界温度降至0℃以下时进行窖藏。先在窖底铺一层6 cm厚的沙土和一层秸秆，窖藏前要去掉清除黄帮、烂叶，尽量多留外叶。白菜入窖后还要每3 d进行一次倒菜，防止窖内温度过高，同时还要去掉腐烂的菜叶和脱帮。当外界温度降低时，要将窖口封严，防止大白菜被冻坏。

第二章

甘 蓝

结球甘蓝（学名：*Brassica oleracea* var. *capitata* L.）为十字花科芸薹属的一年生或两年生草本植物，是我国重要蔬菜之一，各地均有栽培。结球甘蓝在新疆等地叫"莲花白"，中国其他地区也称之为"大头菜""卷心菜"或"包菜"等。甘蓝喜温和湿润、充足的光照，较耐寒，也有适应高温的能力。对土壤选择不太严格，但宜在腐殖质丰富的黏壤土或沙壤土中种植。结球甘蓝生长适温15~20℃，结球期如遇30℃以上高温肉质易纤维化。甘蓝幼苗必须在0~10℃通过春化，然后在长日照和适温下抽薹、开花、结果。

第一节 品 种

一、京丰1号

属中晚熟品种，开展度70~80 cm，有外叶12~14片，叶球扁圆形，结球较紧，成叶近圆形，叶色深绿，背面灰绿，蜡粉中等；单株重3.5 kg左右，单球重2.5 kg左右。定植后85~90 d开始采收。适合春季、夏初种植。

二、中甘21

早熟品种，生育期50~55 d；外叶椭圆形，绿色，蜡粉少；叶球圆形。绿色，单球重约1.0 kg；中心柱短，小于球高的一半；叶球内部结构细密，结球较紧实，不易裂球；田间表现不易未熟抽薹，高抗枯萎病。适宜春季露地种植。

三、高原绿宝

早熟春甘蓝，整齐度高，叶球色绿，叶质脆嫩，圆球形，冬性强，不易裂球，耐先期抽薹，蜡粉少品质优，定植到收获48～55 d，单球重1.2～1.5 kg，抗病耐运输。在我国华

北、东北、西北及云南等地区可作春甘蓝种植，长江中下游及华南部分地区也可以秋季播种。

四、优丰二号

早熟，抗霜霉病，圆球形，颜色翠绿油亮，球形美观，口感脆甜，膨球速度快，定植后50 d左右可收获，单球重1.5 kg，耐寒性强，适合早春、晚秋及部分地区越冬保护地栽培。

五、满月518

中熟春秋甘蓝品种，定植后60～70 d成熟，植株长势旺盛，开展度大，叶色深绿，蜡粉多；圆球形，球色绿，单球重1.2～1.8 kg，主要为秋茬种植。

六、腾达

国外引进新一代杂交早熟甘蓝品种。叶球圆形，外叶绿色，内叶嫩黄，叶球紧实，叶质脆嫩，品质优良。定植后50~55 d收获，单球重1.0~1.2 kg。耐裂球性较好，田间整齐度好，保持性好，对黄萎病有一定的抗性。主要适用于我国北方春季露地种植。

第二节 栽培技术

一、栽植季节

甘蓝为春秋两季栽培或春保护地栽培，在冬季最低温度不低于-5℃的地区可实现越冬种植。越冬甘蓝的结球期在冬季低温阶段，病虫害少，容易管理，几乎不用农药，是标准的无公害蔬菜。通过选择合适的甘蓝品种和合理安排茬口，可实现在每年12月至翌年4月新鲜甘蓝供应的淡季上市，经济效益可观。在南疆一般以春秋两季露地或拱棚栽培为主，春季3—4月定植，秋季7—8月定植，拱棚栽培春季可以提早20 d左右，秋季延晚20 d左右。

二、选地、整地、施基肥

1. 选地

甘蓝栽培宜选择土层深厚、有机质含量丰富、排灌水方便、土质疏松肥沃的壤土或沙质土，土壤pH值以6.0~7.0为宜。

2. 整地

将田间的杂物清除干净，整地之前施足底肥，结合深翻施适量腐熟有机肥（每亩3 000~5 000 kg）和三元复合肥（N：P：K

为15∶15∶15，每亩30~50 kg）。甘蓝常采用平畦种植，畦宽1.2~1.5 m，株行距一般是40 cm×35 cm，也可根据甘蓝品种本身的特点调整畦面宽和株行距。

三、播种和育苗

甘蓝可直播，采用垄面穴播方式，每穴4~5粒种子，每亩用种100~150 g，播后覆细土0.5~1.0 cm，并及时覆膜；2~3片真叶时进行第一次间苗，每穴留2~3株；5~6片叶子时，结合中耕定苗。

甘蓝育苗：春季种植甘蓝需选择耐寒抗病的早熟品种进行育苗。播种时间在12月下旬至翌年1月上中旬，多采用日光温室或小拱棚育苗。苗床选用配制好的营养土，播种时，先将苗床浇透水，待水渗下后，均匀撒种，然后覆土0.5~1 cm，覆土后覆盖地膜，每平方米苗床播10~15 g种子，每亩栽培面积约需50 g种子；幼苗3~4片真叶时进行分苗，6~8片真叶时可移栽定植。可采用128穴的穴盘进行育苗，以利于移栽。育苗时，保证设施内的温度白天19℃左右，夜间13~16℃，若设施条件达不到要求，可在苗床上加设小拱棚。甘蓝苗床管理需做好防虫、防草工作，可以用1.8%阿维菌素防治蚜虫、小菜蛾、菜青虫等，可视虫子的情况来用药，通常用药2次即可。定植前7~10 d，多放风，进行低温锻炼，以提高甘蓝成活率。

四、定植

春甘蓝定植时，5 cm深土壤温度应稳定在5℃以上、气温稳定在8℃以上，选择6~8片真叶壮苗。因此时气温较低，春甘蓝在晴天上午进行定植，夏秋甘蓝则应在傍晚定植，定植密度为每亩4 000株左右。定植时保持根部土块完整，定植宜浅栽，浇足定植水，不可干晒苗。

五、定植后的管理

浇缓苗水：定植后7~10 d，浇1次缓苗水。

蹲苗：早春温度低，甘蓝生长缓慢，定植浇缓苗水后适当蹲苗，促进根系下扎，等茎基部由红色转为青色时，结束蹲苗，及时浇水追肥，进入快速生长阶段。

水肥管理：甘蓝喜水怕涝，不耐干旱，要注意水分管理，定期浇水，并结合浇水适时适量追肥，以利缓苗、提苗。进入莲座期，可结合浇水，每亩施复合肥20 kg，促进茎叶生长。结球前进行2～4次中耕，促进根系发育，并结合浇水每亩追施氮肥15 kg和钾肥10 kg，同时叶面喷施硼、钙肥1～2次。进入结球期后，甘蓝需水肥量加大，每5～7 d浇水1次，收获前7 d停止浇水。结球初期，进行第2次追肥，每亩施氮磷钾复合肥25 kg。叶球生长盛期，进行第3次追肥，每亩施氮磷钾复合肥25 kg，促进叶球紧实，同时叶面喷施0.3%磷酸二氢钾溶液2～3次，提高质量和产量。为防止球裂及黑斑病的发生，可在结球膨大期采用0.2%硼酸溶液进行叶面喷肥。大型品种结球期后期可每亩追施硫酸钾10～15 kg，提高甘蓝的质量和耐贮性。

六、甘蓝的病虫害防治

甘蓝的病虫害采用以预防为主、综合防治的方法。一般采用种植抗病品种、防治害虫传播媒介、加强田间栽培管理、结合药剂防治的综合防治措施，优先采用农业防治、物理防治、生物防治，配合施用农药防治，严禁施用高毒、高残留农药。

甘蓝主要的病害有病毒病、软腐病和霜霉病，主要虫害有菜青虫、小菜蛾及夜蛾等。

1.病毒病

可选8%宁南霉素水剂（菌克毒克）300～400倍液（亩用量250～300 g）、20%盐酸吗啉胍可湿性粉剂（病毒A）500～600倍液（亩用量175～200 g）、1.5%病毒灵乳剂1 000倍液（亩用量100 g）等喷雾，每隔5～7 d喷1次，连续2～3次。

2. 软腐病

可用20%噻唑锌悬浮剂600～800倍液，或88%水合霉素可溶性粉剂1 500～2 000倍液、77%可杀得可湿粉2 000倍液，或50%福美双可湿粉500倍液加新高脂膜800倍液，视病情间隔5～7 d喷1次，连续喷2～3次。

3. 霜霉病

可用64%杀毒矾500倍液，或58%甲霜灵锰锌500倍液，或50%速克林可湿性粉剂1 000～1 200倍液，或80%疫霉灵可湿性粉剂500倍液，或75%百菌清可湿性粉剂600倍液，或40%代森锰锌胶悬剂400倍液，或80%大生800倍液，或72%克露600倍液，或30%绿叶丹300倍液，每隔7 d喷药1次，连喷3～5次。

4. 菜青虫、小菜蛾、夜蛾

可用5%甲氨基阿维菌素苯甲酸盐6 g或氟虫清生物制剂1 g兑水15 kg喷雾防治，或每亩用1.8%阿维菌素10～15 g兑水15 kg喷洒。安全间隔期7～10 d，连喷2～3次。

七、采收

不同品种采收期差异较大，一般根据叶球坚实度来判断采收时间，肉眼观察或用手轻压叶球，当叶球基本包实、外层球叶发亮时及时收获。

第三章　萝卜

萝卜（学名：*Raphanus sativus* L.）是十字花科、萝卜属二年生草本植物。一般认为萝卜起源于欧、亚温暖海岸，是世界古老的栽培作物之一，主要分布于欧洲大陆、北非、中亚、日本以及中国等地。全国各地普遍栽培，有丰富的营养价值和祛痰、镇咳、止泻、利尿等功效。

第一节　品　种

一、圣萝翠玉

山东省农业科学院蔬菜研究所利用雄性不育系育成的生食水果萝卜杂种一代。该品种叶丛半直立，羽状裂叶，叶色深绿，单株叶片8~10片。肉质根圆柱形，入土部分较小，皮深绿色，肉翠绿色，肉质致密，生食脆甜多汁。耐贮藏。单株肉质根重400 g以上，微辣，风味好。生长期80 d左右。较抗霜霉病和病毒病。每亩产量在4 000 kg以上。

二、圣萝红玉

利用雄性不育系育成的秋季栽培水果萝卜杂交种一代。该品种叶丛半直立，羽状裂叶，叶色深绿，单株叶片8~10片。肉质根圆柱形，皮红色，肉白色，肉质致密，耐贮藏。单株肉质根重400 g以上，生长期80 d左右。每亩产量在4 000 kg以上。较抗霜霉病和病毒病。

三、圣萝白玉

利用雄性不育系育成的耐抽春萝卜杂交种一代。该品种叶丛半直立，羽状裂叶，叶色深绿，单株叶片18~21片。肉质根长圆柱形，皮白色，肉白色，肉质致密。单株肉质根重1 000 g以上，生长期65 d左右。每亩产量在4 500 kg以上。

四、圣萝艳玉

生食秋萝卜心里美类型一代杂交种，生长期80 d左右，肉质根短，圆柱形，皮绿色，入土部分皮白色，肉质鲜紫红色，质脆多汁，味甜，质量优良单根重500~600 g，亩产4 000 kg左右。抗病，丰产，一般8月中旬播种，10月下旬至11月初收获，每亩种植8 000株左右。

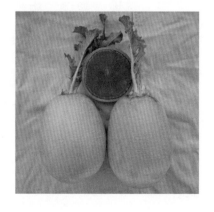

第二节 栽培技术

一、栽培季节

南疆春萝卜一般在3—4月播种，5—6月收获。秋冬萝卜基本同于大白菜，一般在7月中下旬到8月上中旬播种，10月下旬到11月中旬收获。

春季萝卜栽培，首先选用适宜春季栽培的耐抽薹品种，并须严格控制播种期，因在低温条件下植株易出现先期抽薹的现象，切不可过早播种。一般应在地表土壤温度达到10℃以上时播种。在实际生产中，可根据栽培设施及选用的品种特点灵活掌握。大棚栽培，一般可在1月下旬到2月上中旬播种，4月上旬开始采收；露地地膜覆盖栽培，可在3月中下旬到4月上旬播种，5月中下旬至6月初采收；小拱棚加地膜覆盖栽培的，播种期可提前到3月上中旬。

秋季萝卜栽培，由于前期温度较高，种植过早容易得病虫害，并且降低质量，可根据选用品种的生长期，在适宜播期内适当晚播，如早熟品种可推迟到8月20日左右播种。

二、选地、整地、施基肥

选择地势高、排水性良好、土层深厚、疏松肥沃的沙壤土和壤土地块。萝卜根系较发达，耕前需施足基肥，一般在播种前7～10 d亩施优质腐熟圈肥3 000～4 000 kg、磷酸二铵50 kg或氮磷钾复合肥50 kg、过磷酸钙15～20 kg，深耕25～30 cm，耙细、整平。作平畦或垄，大型品种最好是起垄栽培，利于排水，疏水透气，通风透光好，病虫害轻。垄距50～60 cm，高20～30 cm；或垄距67 cm，垄上种2行，垄上小行距30 cm。小型品种可做成平畦栽培。

三、播种

宜采用直接穴播法，在整好的地块中按照一定距离打穴，打好穴后每穴适量浇水，保证土壤微湿，然后放入种子每穴3～5粒，覆土1～1.5 cm即可。播种不宜过深或过浅，覆土不能过厚或土块过大，否则会影响种子发芽，降低出苗率。冬春季播种者，覆土后覆盖地膜保温保湿，促进种子发芽。地膜要求拉紧铺平，紧贴地面，四周用泥土压实。冬春萝卜播种时气温低，易通过低温春化，因此，播种后再扣小拱棚塑料膜覆盖，保温促齐苗。秋萝卜露地直播，不用地膜，或铺一层黑色地膜，以保湿防草。

四、田间管理

1. 出苗至破白期管理

春萝卜一般播后5 d左右出苗，地膜覆盖者需及时破膜，用手指钩出一个小洞，使小苗露出膜外；第8天左右，对缺株应及时点播补苗。播后20 d左右，萝卜开始破肚，此时应用泥块压住薄膜破口，既可防止薄膜被顶起，又能增温保湿。

2. 温度管理

冬春萝卜从种子萌动开始就能感受低温，种子发芽出苗阶段以及生长前期温度连续低于5℃，有的不耐抽薹的品种就有可能完成春化阶段，易造成先期抽薹现象，一般膜内温度应保持在12℃以上，遇冷空气需加盖防寒物。苗长至7片真叶时进行定苗，每穴留1株健壮苗。在生长后期，白天保持20～25℃，夜温15℃左右，以促进肉质根养分积累。若后期棚内超过30℃，将不利于肉质根的生长，应及时通风降温。

3. 水肥管理

春萝卜苗期一般不需浇水，出苗后，若天气干旱，要浇1次小水，不要大水漫灌，否则，会冲坏幼苗，露出根系，影响生长，造成缺苗断垄。秋萝卜苗期处于高温环境中，要及时浇水，确保苗全苗壮。定苗后，可进行1次追肥，施肥时，在垄两侧开一小沟，亩施硫酸铵12~15 kg，培土扶垄，随即浇水。萝卜"破肩"后，为促进生长，应及时追肥浇水、治虫。每亩追施硫酸铵20~30 kg，开沟施于两侧，培土扶垄，立即浇水，以后6~7 d浇1次水，使土壤保持湿润。肉质根生长盛期需肥量最大，及时进行追肥，每亩施高钾型复合肥25~30 kg。要均匀供给水分，防止因土壤忽干忽湿引起裂根、糠心等问题。收获前8~10 d停止浇水，以利收获。

4. 间苗、中耕、培土

出苗后子叶展平时可进行第一次间苗，结合间苗进行中耕除草，去除杂草、弱苗和病苗。当长出3~4片真叶时，进行第二次间苗，第三次在5~6片真叶时进行定苗，大型品种株距25~30 cm，中型品种株距20 cm左右。当第3叶环展开时，浅中耕，以免损伤侧根，并进行培土扶垄。

五、病虫害防治

1. 霜霉病、灰霉病

可以使用三乙磷酸铝稀释600倍或异菌脲稀释900倍。

2. 黑斑病

在发病初期及时喷洒50%扑海因（异菌脲）可湿性粉剂1 000~1 500倍液，或75%百菌清可湿性粉剂600倍液、64%恶霜锰锌（杀毒矾）可湿性粉剂500倍液，交替使用。每隔7~10 d 1次，连续喷洒2~3次。并严格按照农药有关安全间隔期进行。

3. 软腐病

发病初期及时防治，用47%加瑞农可湿性粉剂750倍液喷洒，重点喷洒病株的基部及近地表处。

4. 菜青虫、小菜蛾

前期使用氰戊菊酯稀释1 500~2 000倍，后期可以使用Bt稀释400倍。

5. 黄曲跳甲、蚜虫

前期结合防治菜青虫、小菜蛾，使用氰戊菊酯稀释1 500 ~ 2 000倍进行防治。

6. 蚜虫

用10%吡虫啉（蚜虱净、大功臣、康福多）可湿性粉剂2 500倍液，或20%康福多悬浮剂4 000倍液、50%抗蚜威可湿性粉剂2 000 ~ 3 000倍液喷雾。在喷雾时，喷头应向上，重点喷施叶片反面。

7. 地蛆

施用充分腐熟的有机肥，并做到均匀深施，以减少成虫产卵的概率。可用2.5%氯氰菊酯乳油2 000倍液喷雾防治。每隔7 ~ 10 d 1次，连续2 ~ 3次，可达到减轻为害的效果。

六、采收

当萝卜肉质根膨大、茎基部变圆、叶色转淡并开始变黄时，适宜采收。采收的萝卜要求个头均匀，无须根、无泥、无分叉、无畸形、无糠心、无伤口、无灰心。采收萝卜的大小根据市场需要确定标准。

第四章

蔓 菁

蔓菁，一般称芜菁（学名：*Brassica rapa* L.），南疆称为恰玛古，属十字花科芸薹属植物。起源于地中海沿岸及阿富汗、巴基斯坦及外高加索等地，最早种植在古代中东的两河流域一直到印度河平原地区。属二年生草本植物，能形成肉质根供食，根为球状成白色，其花、根、种子还可入药。南疆许多地区将其当作每天必不可少的食物，称作长寿圣果、小人参。其种子发芽最适温度为20～25℃，茎叶和肉质根生长最适温度为16～20℃，生育期80～90 d。

第一节　品　种

选择优质、抗病力强、抗逆性好、商品性好的早熟品种，宜选择新疆地方品种，如喀什恰玛古、新疆恰玛古等。

第二节　栽培技术

一、栽植季节

南疆恰玛古一般春秋两季栽培，春季一般在3—4月播种，陆续采收，食用幼小根茎和幼嫩叶片，一般根和叶一起采收；冬储型恰玛古一般播种期在7月底至8月初，立秋前后播种，11月5日后开始收获，冬春季节贮藏食用老熟根茎。

二、选地、整地、施肥

1. 选地

土地选择地势平坦、排灌方便、富含有机质、保水、保肥性好的沙壤土，前茬不宜选择十字花科蔬菜。

2. 整地

地块一般选择麦后复播。小麦茬收获后，及时灌足、灌透底墒水。结合耕地亩施优质腐熟有机肥3 000～4 000 kg，耕翻25 cm，再将土地整平耙细，做到土地平整，土块细碎，做成1.4 m宽的畦或55 cm宽的垄。

三、播种育苗

恰玛古以立秋前后1～2 d为最佳播种期，播前将精选出的种子用50%百菌清可湿性粉剂1 000倍液浸种24 h，防治恰玛古黑腐病和霜霉病。然后种子按每亩0.3 kg混0.4 kg干沙拌匀后穴播，每穴3～5粒，播深1～2 cm，然后覆土1～2 cm，株距15 cm，行距20～25 cm，亩保苗8 000～10 000株。

四、田间管理

1. 间苗

分3次间苗，第一次间苗在子叶展平时，第二次间苗在第1片真叶期，第三次间苗在第3～4片真叶期。间苗要求留壮去弱、留大去小、留正去偏、避免拥挤，每穴留苗2株。

2. 定苗

5～6片真叶时适时定苗，每穴保留1株健壮苗，其余苗拔除，确保苗齐、苗匀、苗壮。

3. 中耕

结合间苗中耕2～3次，中耕深度先浅后深，注意避免伤根。

4. 浇水

遵循"少浇"的原则，保证不缺水但浇水不宜过多。视土壤墒情，采用小水漫灌的方式适时浇灌。

五、病虫害防治

恰玛古病虫草害的防治以防为主，通过中耕、除草、轮作倒茬等农业措施来降低病虫源基数，减少病虫草害的发生，尽量在生长过程中不使用农药制剂防治病虫害。菜青虫点片发生时，采用人工捉虫或剪枝掩埋的方式进行防治；当菜青虫发生较重时，可选用Bt乳剂500倍液喷雾防治。

六、采收

恰玛古在11月中下旬采收为宜，因为此段时间是恰玛古口味发生变化的重要时段，提前收获将影响恰玛古口味。一般于11月中下旬肉质根充分长大、叶片发黄下垂时，将恰玛古叶片和块根用刀分离，不动根须，一次性人工采收贮藏，农户一般放在菜窖中，企业和合作社放在保鲜库中储存。

第五章 茄 子

茄子（学名：*Solanum melongena* L.）又称落苏、茄瓜等，茄科茄属一年生蔬菜。起源于东南亚热带地区，古印度为最早驯化地，全国大部地区均有栽培，是夏季主要蔬菜之一。茄子富含维生素P、维生素E，具有保护心血管及抗癌、抗衰老的功效。茄子属于寒凉性质的食物，夏天食用有助于清热解暑。茄子食用的部位是它的嫩果，按其形状不同可分为圆茄、灯泡茄和线茄3种。北方多见圆茄子，南方多见长茄子。选购时以表皮色泽泛紫、身形细长、手压有弹性为佳。

第一节 品 种

选择抗病、优质、高产、耐贮运、商品性好、适合市场需求的品种。南疆更喜食长茄，特别是地方品种喀什小长茄、新疆长茄等。

一、霸道

中早熟，绿萼片茄子杂交种，植株长势强，叶片颜色深，株型美观，抗性好，耐热，连续坐果能力强，萼片深绿，果皮紫黑色，有光泽，果肉紧实，果型棒状，精品率高，长度22～25 cm，粗度8 cm左右，产量高。适合春夏秋露地、保护地种植。

二、千红3号

中熟杂交一代，生长旺盛，抗病性强，适应性广。果实长棒形，收尾匀称，果皮深紫色，光泽度好，果长35～40 cm，粗5～7 cm，单果重300～450 g，肉质柔软嫩白，质量佳，商品性好，精品率高。适合春夏秋拱棚、露地种植。

三、布利塔

杂交一代，果实长形，长25～35 cm、直径6～8 cm，单果重400～450 g，紫黑色，质地光滑油亮，绿萼，绿把。高产、抗病、耐低温，适于日光温室、大棚多层覆盖越冬及春提早种植。

第二节　栽培技术

一、栽植季节

日光温室早春茬：11月中旬播种育苗，翌年1月中下旬移栽定植，3月下旬开始上市，6月下旬拉秧。

拱棚早春茬：嫁接苗10月播种砧木，20 d后播种接穗，12月进行嫁接，翌年2月定植，4月始收，7月底终收。

冬暖型大棚越冬茬：7月中下旬播种砧木，20 d后播种接穗，9月中旬嫁接，10月中下旬定植，12月下旬开始收获，翌年5月上旬终收。

露地栽培：2—3月育苗，4月上旬定植，6月上旬始收，10月上旬终收。

二、选地、整地、施基肥

1. 选地

选择地势高燥、土层深厚、土质肥沃而疏松、排灌方便的地块。

2. 整地

定植前要施足底肥。定植前5～7 d，结合整地每亩施5 000 kg腐熟的农家肥或100～150 kg商品有机肥、50 kg三元复合肥（N∶P∶K=15∶15∶15）和25 kg过磷酸钙作基肥，然后进行耕翻耙平，作垄或作畦。垄距55 cm、垄高20 cm左右；畦高15 cm、畦面宽60 cm，畦与畦之间宽度为50～60 cm；日光温室栽培一般大行距70 cm，小行距50 cm，一垄双行。畦做好后覆盖黑色地膜并灌透水。

三、播种和育苗

1. 种子处理

经晒种处理后，把相当于种子体积5倍的55℃温水倒入盛种子的容器内，边倒边搅拌，待水温降至30℃时停止搅拌，换清水淘洗干净，浸泡4～6 h，沥去水，准备播种。

2. 育苗基质

选用育苗专用基质。先用清水浸湿基质，再用50%的多菌灵可湿性粉剂500倍液均匀喷洒在基质上，堆闷12 h后即可使用。

3. 装盘

选用72孔穴盘，将准备好的基质装入穴盘内，用刮板刮平，使装盘后每个格室清晰可见。然后用另一穴盘底部压播种穴，两手平放在盘上均匀下压0.5 cm左右。

4. 播种

将经过处理的种子点播于穴盘中每穴点播1粒，播后上盖一层基质，洒透水，覆盖报纸或双层编织袋遮光保湿，穴盘摆放于平整的苗床，下铺编织袋与土壤隔开。待种子出苗，两片子叶展开时，及时查苗移苗，补满空穴。

5. 育苗期管理

播种后保持温度25～28℃。当60%种子出苗后，撤去报纸或编织袋，白天温度控制在20～25℃，夜间不低于15℃，防止幼苗徒长。天气炎热时，每天10时左右洒1次透水。半月后视苗情适当补充喷施宝、磷酸二氢钾或绿风95等叶面肥。

四、定植

1. 定植前的准备

拱棚栽培的应在定植前半月扣棚密闭烤地，并对栽培场所灭菌消毒。

2. 选取壮苗定植

壮苗的标准苗龄60～80 d，株高15 cm左右，长出7～9片真叶，叶片大而厚，叶色浓绿带紫，茎粗黑绿带紫，长花柱已现大蕾，根系多无锈根，全株无病虫害、无机械损伤。定植时带土坨栽到埯内。可以适当深栽，露出子叶为宜，然后浇水封埯。

3. 定植密度

早熟品种的株距多为35 cm左右，密度为每亩2 700～2 800株；晚熟品种株距40～45 cm，密度为每亩1 500～2 000株。

五、定植后管理

1. 温度、光照管理

幼苗期生长适温为白天25～30℃，夜间16～20℃，开花结果期的最适温度为白天25～30℃，夜间15～20℃。根据天气情况及时放风调节。

2. 水分管理

浇水量必须根据气候变化和植株大小进行调整。浇水后晴天中午升温排湿。

3. 施肥

定植20 d后开始追肥，但同时要注意植株长势。一般在对茄瞪眼时，追第一次肥，以后每隔10~15 d追肥1次。追肥时，将有机生态专用肥与大三元复合肥按6∶4比例混合。在结果前期每株追肥约17 g，结果盛期每株追肥约20 g。

4. 植株调整

门茄坐果后，适当摘除基部1~2片老叶、黄叶，门茄采收后，将门茄下叶片全部打掉，以后每个果实下面只留2片叶，其他多余的侧枝及叶片全部摘除。

5. 保花保果

为了提高坐果率，防止低温或高温引起的落花和产生畸形果，可在开花前后2 d内，用30~40 mg/kg的防落素喷花或涂抹花柄，温度高时取上限，温度低时取下限。

6. 气体调节

寒冷天气减少了通风时间和次数，适当补充CO_2气肥来保证植株的正常生长。

六、病虫害防治

茄子的病虫害以预防为主，综合防治。一般采用种植抗病品种、防治害虫传播媒介、加强田间栽培管理、结合药剂防治的综合防治措施，优先采用农业防治、物理防治、生物防治，配合施用农药防治，严禁施用高毒、高残留农药。

茄子主要的病害有黄萎病、猝倒病和立枯病，主要虫害有白粉虱、蚜虫及红蜘蛛等。

1. 茄子黄萎病

（1）定植后药剂灌根，苗期和定植前后用90%噁霉灵可湿性粉剂稀释2 000~3 000倍液或50%琥胶肥酸铜可湿性粉剂500倍液进行灌根，每株灌药60~100 mL，也可用600~700倍液50%多菌灵可湿性粉剂或70%甲基硫菌灵800~1 000倍液灌根，每株灌药约100 mL，以上均5~7 d灌根1次，连续灌根2~3次。

（2）药剂喷施，茄子黄萎病在发病初期，及时选用77%可杀得可湿性粉剂800~1 000倍液、50%多菌灵600~800倍液或70%甲基硫菌灵600~800倍液喷施茎部，7~10 d喷施1次，连续防治2~3次。

2. 茄子猝倒病和立枯病

喷洒75%百菌清可湿性粉剂600倍液或64%杀毒矾可湿性粉剂1 500倍液，7 d 1次，连续2~3次。

3. 白粉虱

可在田间设置黄板诱杀成虫，悬挂行间与植株高度相同处，每亩30~40块；喷药防治时应在白粉虱发生初期进行，防治白粉虱高效低毒的杀虫剂选用药剂有25%扑虱灵乳油1 000~2 000倍液、2.5%天王星乳油3 000倍液、30%大功臣可湿性粉剂每亩2 g等。

4. 蚜虫

可用10%吡虫啉可湿性粉剂4 000~5 000倍液或2.5%功夫乳油3 000~4 000倍液等喷雾防治，7~8 d喷1次，连喷2~3次，叶片两面都要喷到，提高防治效果。

5. 红蜘蛛

红蜘蛛始发期需连续用药防治数次，防治的间隔期5~7 d。农药可选1%阿维菌素2 500~3 000倍液、20%螨克乳油1 000~2 000倍液、10%浏阳霉素乳油2 000~3 000倍液等，喷雾防治。

七、适时采收

门茄适当早收，果实在萼片与果实相连处的环状带变化不明显或消淡时，表明果实停止生长，这时采收时产量和质量较好。茄子采收的标准可看茄眼的颜色，若茄眼与果皮颜色分明，表明果实正在生长，组织柔嫩，质量好。茄眼不明显表示生长慢应及时采收。温暖天气开花后18~20 d为采收适期。

第六章　番　茄

　　番茄（学名：*Solanum lycopersicum* L.），别名西红柿、洋柿子、臭柿、西番柿、柑仔蜜、番李子等，是茄科茄属的一种一年生或多年生草本植物，是以成熟多汁浆果为产品的蔬菜作物。番茄含有丰富的矿物质、碳水化合物、维生素、有机酸及少量的蛋白质，可生食、炒食、做汤、加工番茄酱等，具有营养丰富、适应性广、栽培容易、产量高、用途广等优点。

　　番茄喜温暖，不耐炎热不耐寒，喜强光照，耐旱不耐涝。发芽期适温为20~30℃，从播种到第一片真叶出现（破心），在正常温度条件下这一时期为7~9 d；幼苗期是指从第一片真叶出现至第一花序现蕾，此期适宜昼温为25~28℃，夜温为13~17℃，此期地温对幼苗生育有较大的影响，适宜的地温应保持在22~23℃；始花坐果期是指从第一花序现蕾至坐果，这个阶段是番茄从以营养生长为主过渡到生殖生长与营养生长同等发展的转折时期，直接关系产品器官的形成及产量，果实发育的适温为昼温25℃左右，夜温15℃左右，温度超过30℃，番茄红素形成受抑制，绿色果实经8℃以下的低温受寒，番茄红素合成被破坏。

第一节　品　种

　　根据露地、拱棚和日光温室分别选择番茄品种，适合本地饮食习惯和市场需求，且高产优质、耐寒耐热、抗病性强。喀什本地比较喜欢大红品种，而莎车县等地较为喜欢粉红色品种。

一、大红2020

精品大果，抗病性强，高抗番茄黄叶曲叶病、叶霉、线虫、灰叶斑，叶片黑绿，茎秆粗壮，单果重260～300 g，果型周正，高圆略扁，大小一致，穗果均匀，绿果转红颜色鲜红亮丽，光泽度好，适合新疆越冬、早春、秋延保护地种植。

二、大红9号

高抗番茄黄叶曲叶病，无限大红石头果类型，中熟，植株生长旺盛，坐果能力强，单穗果4～6个，单果重250～300 g，适合新疆等地早春、秋延及越冬保护地种植。

三、普罗旺斯

荷兰进口，具有大红番茄长势的粉果番茄，无限生长型，植株长势旺盛，不黄叶，不早衰，产量高，萼片美观，果形好，颜色好，硬度高，个头大，单果重250～300 g，高抗根结线虫、叶霉、枯黄萎病、条斑病毒，果实大小均匀，萼片平展，果形美观，硬度高，耐贮运。适合早春、秋延、越冬一大茬种植，早春、秋延留8穗果，越冬一大茬可留6穗果。

四、维森特

双亲均来自国外，无限生长型红果番茄，中早熟，植株长势健壮，节位中等，叶片黑绿，包裹性好。果实颜色亮红鲜艳，萼片厚长美观，硬果，耐运输。单果重250～280 g，具有抗番茄黄化曲叶病毒番茄黄叶曲叶病1、番茄黄叶曲叶病3，抗烟草花叶病毒、抗线虫、抗枯萎、抗晚疫、抗叶霉、抗镰刀菌冠状根腐病、抗黄萎等基因位点。适宜保护地早春、秋延及部分地区露地和越冬栽培。

五、柏拉图18号

无限生长草莓番茄，抗番茄黄叶曲叶病、抗线虫、抗死棵、中抗灰叶斑，正常管理绿肩突出，果型匀称，均匀度好，单果重150 g左右，口感酸甜，番茄味浓郁，含糖量高，控水控肥胁迫管理下含糖量达12%，硬度高，适合冬春保护地栽培。

六、柏拉图28号

大果口感番茄，抗番茄黄叶曲叶病、根腐、根结线虫、叶霉病、灰叶斑，无限生长，单果重200～250 g，绿肩明显，成熟果粉红色，有放射状糖线，口感好。长势稳健，叶量中等，适合秋延、越冬及早春冬暖室栽培。

七、釜山88

无限生长型，中熟，生长势强，低温适应性强。果实鸡心形，红果亮丽，硬度好，耐贮运。糖度高达10度左右，香气浓郁，风味独特。单果重15～20 g，每穗可

坐15~30个果，整齐度高，商品率高，糖度高，进食后果皮残留少，品质优秀，高抗叶霉病，对病毒病、枯萎病有较强抗性，不抗番茄黄叶曲叶病病毒。

八、金阳蜜珠

无限生长类型，果实穗状，成熟果橙黄色，平均单果重22~25 g，硬度大，糖度高，口感甜，风味浓，耐贮运，抗逆性和抗病力强，耐裂果，适于早春保护地和越冬保护地栽培。

第二节 栽培技术

一、栽植季节

日光温室早春茬番茄一般在12月上旬播种育苗，2月上旬定植；秋冬茬一般7月育苗，8月上中旬定植，1月底收获结束或延续越冬；拱棚番茄以早春茬为主，育苗和定植时间较之温室，晚1个月左右即可。

选择出苗率高的抗病、抗逆、丰产的优良中早熟品种种子，适合南疆地区种植的品种有大红2020、大红9号、维森特等；口感番茄有普罗旺斯、柏拉图18号、柏拉图28号、釜山88、金阳蜜珠等。

二、选地、整地、施基肥

1. 选地

宜选择在背风向阳的、有水源、土层厚、肥力中上、交通方便和便于管护的地块。

2. 整地

结合耕地每亩施腐熟有机肥5 000 kg左右，15∶15∶15氮磷钾复合肥80 kg作基肥，有机肥在底水前施用，化肥在翻地前施用，施肥后深翻30 cm，耙碎整平，以南北向起垄作畦，垄宽70 cm，垄距50 cm，垄高25～30 cm，做成畦待定植。

三、播种育苗

1. 种子处理

选用优良番茄种子，在番茄种子播种前进行浸种消毒处理。将种子放入50～55℃的水中浸泡20 min，浸泡过程中要不断搅拌，把握好时间和温度，以免烫伤种子，或用浓度为1%的高锰酸钾溶液浸种，之后用清水清洗干净，在无污染环境下将种子晒干，之后置于28～30℃的环境中催芽。一般3 d左右即有种子露白，待有70%左右的种子露白时即可播种。

2. 穴盘准备

番茄穴盘育苗一般选用72孔规格的穴盘，选好穴盘后进行消毒处理：用福尔马林100倍液浸泡穴盘15 min左右，用水冲洗干净后备用。

3. 基质处理

基质的配比要保证良好的通气性和保水性，pH值在5.5～7.0，用草炭、蛭石、珍珠岩按照3∶1∶1的比例混合，或者用草炭、蛭石按照2∶1的比例混合，加入氮、磷、钾三元复合肥，与基质拌匀后填入穴盘中。填满后，用刮板将多余的基质刮去，在填满基质的穴盘中加入水，湿度以40%左右为宜，穴盘排水孔有水滴出即可，然后用打孔器在穴盘上打孔深度为0.8～1.0 cm，保证播种的深度及出苗时间一致。

4. 播种

采用机器点播或人工播种的方式均可。播种后浇水，然后覆盖一层蛭石，厚度约为0.5 cm，覆盖太厚不利于种子出芽。

5.播种后的管理

温湿度管理：白天温度保持在25 ~ 30℃，夜间温度控制在18 ~ 20℃，湿度保持在90%左右即可。注意及时通风，降低棚内湿度。番茄出苗后，棚内湿度要降至80%左右，浇水以叶苗喷水为主。

水肥管理：番茄出苗后生长较为缓慢，浇水以叶苗喷水为主，需肥量小，尽量延长施肥周期，选择低磷肥为佳。

光照：番茄需强光照，在一定范围内，光照越强，光合作用越旺盛，其光饱和点为70 000 lx，在栽培中一般应保持30 000 ~ 35 000 lx的光照强度，才能维持其正常的生长发育。如果光照过强，要进行遮阳处理，以免灼伤幼苗；如果光照不足就会导致幼苗长势较弱。

炼苗：成苗前7 ~ 10 d进行炼苗，提高植株的环境适应能力。炼苗期间，要适当加大通风量，使棚内温度与外界温度基本一致，期间要少浇水，保证植株不萎蔫即可，可以促进植株的根系发育。

壮苗标准：一般苗龄45 ~ 50 d，叶片肥厚，颜色浓绿，无病斑，根毛多，刺毛完整，茎秆粗壮不徒长，无病虫害，株高12 ~ 16 cm，茎粗0.5 cm左右，根系发达，紧包基质，不散坨，达到壮苗标准。

病虫害防治：番茄育苗过程中常见的病害有猝倒病、立枯病、早疫病等，常见的虫害有白粉虱、蚜虫等。一旦发生虫害，可以悬挂涂抹上机油的黄条诱杀蚜虫，或者用2%阿维菌素乳液800 ~ 1 000倍液喷施即可防治白粉虱、蚜虫。猝倒病发生时可用70%普力克1 000倍液喷施，立枯病、早疫病可以用75%的百菌清可湿性粉剂800 ~ 1 000倍液喷雾防治。

四、定植

垄面覆地膜，在垄上定植双行，株距40 cm左右，每亩保苗

2 300株左右。定植时浇适量的定植水，以浇透土坨为准，并在幼苗间撒施地虫净，诱杀地虫，防止幼苗被啃咬。

五、定植后管理

1. 缓苗期管理

早春茬缓苗期关键是防寒保温，定植初期以防寒保暖为主，如遇寒潮，可采用大棚内加小拱棚等措施防寒。在大棚四周围一圈草席，以提高温度，促进缓苗。秋冬茬定植时正值高温季节，应做好遮阳降温工作。白天棚温控制在25～30℃，超过30℃时拉开顶缝放小风；夜间棚温控制在15～18℃。定植后7～10 d浇缓苗水。

2. 坐果前管理

（1）温度管理。缓苗后应采取通风措施来调节棚内气温，白天保持在25～28℃，下午18～20℃，夜间15℃左右，若温度过低需加强保温措施。

（2）水肥管理。缓苗后控水蹲苗，到坐果前不浇水不追肥，促使根系下扎，以免徒长，蹲苗期以中耕松土为主，一般中耕2～3次。

（3）吊秧。植株长到30～40 cm时进行吊秧，每株用1根绳。所用吊绳必须选择抗老化的聚乙烯高密度塑料绳，保证在番茄生长期不老化，避免选择吊绳不当，一旦老化折断，会造成损秧毁叶坠果而影响产量。

（4）整枝。番茄整枝主要有单秆、双秆两种方法，多采用单秆整枝法。单秆整枝只留1个主秆，将叶腋间萌发的所有侧枝全部除掉。留果应根据栽培模式而定，日光温室生长时间长，要多留几穗果；露地或拱棚生长时间短，可以留3～4穗果。注意摘心时在最后一穗果上面保留2～3片叶，以保证顶部果实所需养分的供应。为增加早期产量，可保留第一侧枝的第一穗果，并在之上留2片叶摘心。应在晴天中午前后、温度较高时打叉和摘心，这样有利于伤口愈合。

3.坐果后管理

（1）温湿度管理。进入结果期以后，白天温度控制在25~28℃，下午20℃左右，夜间温度控制在15~18℃，湿度控制在50%~60%。天冷时加强防寒保温措施。控制好温湿度可有效预防病害发生。为促进果实转色，果实发白转色期要适当提高棚温，上午控制在28~32℃，下午控制在24~26℃，夜间控制在15~18℃。第一穗果采收至植株拉秧阶段外界气温已经升高，要加大放风量，防止高温，以免第二穗果及以后果实着色不良或发生日灼病。棚温上午控制在25~28℃，下午24~26℃，夜间控制在15~20℃。

（2）水肥管理。如果土壤墒情不好，应在第一花序坐果后浇1次小水，切忌植株正在开花时浇大水，以免落花落果。当第一穗果实长至核桃大小时，开始施肥浇水，以使果实迅速膨大，施肥量每亩施尿素10~15 kg、磷酸二铵10 kg；进入盛果期，当第一穗果由绿变白时，需第二次浇水施肥，以后每隔7~8 d浇1次水，每次浇水量不宜过大；每10~15 d用高钾型大量元素水溶肥5~7.5 kg滴灌。还可进行根外追氨基酸钙等叶面肥。在盛果期水肥既要充足，又要均匀，不能忽大忽小，否则易产生空洞果和脐腐果。

4.保花保果

番茄早春栽培，因低温、高湿等不利因素，影响授粉受精，引起落花落果，为提高坐果率，生产上经常使用西红柿灵进行番茄生产的保花保果。具体操作为：当番茄花序有2~3朵花开放时用家用喷雾筒装25~30 mg/L的西红柿灵（防落素）药液喷花1次，喷花时一定要定点（只喷花而不能喷茎、叶），以防产生药害，损害茎叶，喷花宜选晴天早晨或傍晚，如在高温、烈日下或阴雨天喷容易产生药害。

5.疏花疏果

为使坐果整齐，生长速度均匀，可适当疏果，当第一花序果实长至鸡蛋黄大小时，根据生长季节留果，番茄大果型品种每穗选留3~4果，中果型品种每穗选留4~6果，疏去小果和畸形果。结果后期要将植株下部老叶、黄叶摘除，以减少养分消耗，有利于通风透光。

六、病虫害防治

番茄常见的病虫害有青枯病、病毒性疾病、晚疫病、蚜虫、棉铃虫等。

1. 农业防治

可采用水旱轮作的种植方法；因地制宜选购抗病力强的高质量番茄品种，播种前做好消毒、杀菌工作，避开病虫害高发期种植；做好田间管理，适宜的种植密度，要求光照、通风充足。

2. 生物防治

以虫治虫：结合害虫出现情况，引入适量害虫天敌的方式进行防治；以菌治虫：结合番茄害虫习性引入不利于其生长繁殖的细菌，实现对害虫数量的有效控制；通过植物抗病诱导剂、农用链霉素等抗生素进行防治。

3. 物理防治

灭菌处理番茄种子，通过晒种、浸种或者干热灭菌的方式处理种子，提高番茄种子抗病害能力；运用太阳能光照，在保证番茄能够正常健康生长的前提下适当提高种植番茄区域的温度，抑制病虫害出现；利用害虫的趋光性进行灭虫，如设置黑光灯、高压汞灯等灭杀害虫。

4. 化学防治

把控病虫害化学防治时间，在初期及时对症适量下药能收获良好的防治成效，采取适时、交替的施药方法，选择毒性小、药物残留低的农药。严格按照农药使用说明施药，禁止随意调整浓度与次数，以达到最佳的防治病虫害效果。

晚疫病：发病前喷1：1：100倍波尔多液（即1份硫酸铜、1

份生石灰、100份水分别溶解硫酸铜、生石灰，并把这两种溶液倒入同一容器中，并不停搅拌，当溶液成天蓝色即可使用，现配现用），发病初期用64%杀毒矾500倍液，或甲霜灵锰锌500倍液，或代森锰锌500倍液防治。

病毒病：发病初用20%病毒灵400倍液，或5%菌毒清200倍液，或20%盐酸吗啉胍铜500倍液喷雾防治。

青枯病、枯萎病：病情发生后及时拔除病株，在病株根部撒石灰，用50%多菌灵500倍液，或10%双效灵300倍液，或70%根腐灵600倍液灌根防治。

叶霉病：可用2%的武夷霉素水溶液，或60%的防霉宝超微粉剂溶液，或50%多菌灵可湿性粉剂溶液等，每次间隔7~8 d，持续2~3次。

蚜虫：10%吡虫啉3 000倍液，或50%抗蚜威2 500倍液喷雾防治。

棉铃虫：在棉铃虫的产卵期及3龄前的幼虫期选用高效、低毒、低残留的药剂，可用Bt（苏云金杆菌）乳剂1 000倍液，每亩15 mL；功夫2.5%乳油5 000倍液，每亩18.75~37.5 mL；快杀敌5%乳油3 000倍液，每亩20 mL；5%氟啶脲乳油等喷雾防治。白粉虱、烟粉虱：可用乙基多杀菌素+啶虫脒；螺虫乙酯+吡虫啉；联苯菊酯+噻虫嗪等配方交替用药防治。

七、采收

番茄开花后40~50 d果实成熟，一般采收的适期为果实顶端开始稍转红（变色期）时采收，有利于贮藏运输和后期果实的发育。果实已有3/4的面积变成红色或黄色时即为采收适期，应及时采收。

第七章 辣 椒

第一节 品 种

辣椒的类型很多，各种类型的品种也很多，栽培上要根据生产目的选择品种类型，如鲜食、制干、泡菜、色素等，各有用途也各有相应的品种，鲜食的要根据本地饮食习惯和市场需求来确定，加工型的辣椒要根据市场和厂家需求确定品种类型。特别是鲜食品种，南疆地区本地更喜欢浅绿色、皮薄质脆、辣味适中即微辣的品种，从果形上比较习惯螺丝羊角椒。

一、国秀螺丝椒

中早熟，高产型螺丝椒品种，颜色绿，果肩螺纹美观，果长27~35 cm，粗4 cm左右，连续坐果能力很强，上下果长一致性好，精品果多，抗性强，长势健壮，株型紧凑，适宜春秋种植。全国辣椒适宜种植区域内，不同年份的正常气候环境条件下，采取适宜的栽培管理模式，丰产性、抗病性、抗逆性表现较为稳定。

二、华美105

早熟大螺丝椒品种，羊角形，果面有褶皱。植株健壮，小叶片，节间短，挂果多，膨果快，连续结果能力强，耐寒性好。果长30 cm左右，粗4~5 cm，单果重120 g左右。果深绿色，成熟后转红色，味香辣，商品性好。抗病性强，低温、弱光下连续坐果好，采收期长；适应性广泛，在全国温室、拱棚等保护地一年四季均可种植。

三、辣伙伴607

植株长势旺盛，连续坐果能力强，膨果速度快，产量高，青果绿色，果实螺旋度好，果面光亮顺直，果长30 cm左右，果肩4 cm左右，口味香辣，商品性好，抗病性好，适应性广泛。适宜辽、冀、鲁、豫、陕、闽、皖地区秋冷棚5月10日至7月31日播种；新疆地区秋温室6月15日至7月15日播种；滇、川、渝、贵、桂、粤、琼地区露地7月10日至10月31日播种。

四、首椒十六

一代杂交鲜食螺丝型羊角椒，果皮表面有褶皱，株型长势健壮，综合抗性强，叶片肥厚深绿色，茎秆粗壮，节间短，挂果多，膨果速度快，果长25~30 cm，茎粗4~6 cm，青果深绿色，味香辣，商品性好，平均单果重80~130 g。

五、深创1818

大果单生，1株坐果在200~240个，比一般的品种早熟10 d左

右，株高80～90 cm，果长8～12 cm，果柄宽1.4 cm左右，单果重5～6 g，不整枝，不打叉，不掐顶，而且成熟一致，基本上无青椒，并且还特抗病、高产、高辣。一般亩产量鲜椒在3 000 kg左右，干椒500 kg左右，干鲜两用。在新疆、山东、河北、天津、浙江、江苏、贵州、云南及全国其他相似生态地区均可引种种植。

六、艳椒808

早中熟品种，单生朝天，抗病性好，商品性佳。植株生长旺盛，抗病性强，坐果能力强，适应性好，产量高，整齐度好。青果深绿，成熟果鲜红，株高70～80 cm，果皮深绿色，干鲜多用，果长9～10 cm，果粗1.1～1.3 cm，红果光亮，硬度好，味辣，商品性好，干鲜多用，适宜各地栽植。

七、艳阳886

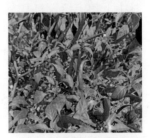

中早熟，单生，耐雨水，抗高温，抗病强，结果多，持续结果率强；果长9～12 cm，果粗0.7～0.9 cm，辣味浓，红果鲜红色。

八、红宝塔2号

早熟品种，单生朝天，生长势旺盛，抗病性好，商品性佳。坐果能力强，产量高，整齐度好，成熟果鲜红色（宝塔

形），株高60～75 cm，开展度大，干椒油分重，色泽红亮鲜艳，果皮深绿色，干鲜多用，单果重20 g，适应性好，容易栽培。

九、宇椒八号

节间短，抗逆性强，单果重150～200 g，果实灯笼形，四心室，果色翠绿，老熟果红色，果面光滑，皮薄肉厚，筋辣肉甜。

第二节　栽培技术

一、栽培季节

朝天椒的结果时间较长，约要半年，朝天椒通常都是在初春2—3月开始播种育苗，4月即可栽种。

螺丝椒从定植到收获需要60～90 d，一般在秋季或者早春进行栽种。秋季拱棚在7月初定植，8月中下旬开始采收，11月中下旬采收结束。早春拱棚在3—4月进行定植；冬暖式大棚种植时，可在9月中下旬定植，11月左右上市。

二、整地施肥

1. 地块选择

选择地势平坦、土壤肥沃、排水良好的地块进行栽培，不能与茄果类重茬，轮作要达3年以上，前茬以葱蒜类、大田作物为佳。

2. 施肥

每亩施腐熟的有机肥5 000 kg、磷钾复合肥70 kg，均匀撒在地面上，然后翻地起垄，垄距50～60 cm。

三、播种育苗

1. 种子选取

选用抗性好、早熟、耐低温弱光、抗病性和抗逆性强，在大棚内不易徒长、丰产、商品性好的品种。

2. 种子处理

（1）药剂浸种。晒种之后，把种子放到大于种子量5倍的0.3%高锰酸钾溶液浸10 min或10%磷酸三钠溶液浸20 min进行种子消毒。捞出后用清水洗净，用55℃温水浸泡，直到温度降到30℃时，再泡8 h，在此过程要搓去种子表面的蜡层膜以便种子吸水，吸足水后，捞出用干净的湿毛巾包好，放到25～30℃下催芽，60%～70%种子发芽即可播种。

（2）常规温汤浸种。用水量为种子的5倍，将种子倒入55℃水中立即搅拌，待水温降至30℃后，再浸泡8 h即可。这种方法对辣椒疮痂病、菌核病有杀菌效果。

3. 穴盘消毒及基质装入

穴盘的选择一般选择尺寸为54 cm×28 cm、有72个育苗孔的穴盘。将穴盘摆放整齐，重复使用的穴盘用浓度为0.3%的高锰酸钾溶液消毒，待消毒液晾干后填入基质，高度与穴盘平面等高。以5个或10个穴盘为一组叠放按压，按压至穴孔基质与穴面距离1 cm，播种坑过浅会导致"戴帽出土"。将按压好的穴盘整齐摆放于苗床，浇足底水，等待播种。

4. 播种

将催芽的种子播种在播种坑内，1穴1粒。播种时要选择发芽的种子，不发芽的种子挑出后再催芽，待发芽后播种，这样可使幼苗生长整齐一致。播种之后覆盖1～1.5 cm厚的基质，将穴盘表面刮平，轻轻镇压、喷水、盖膜。

5. 播种后的管理

揭膜覆土：当幼苗开始顶土时揭去地膜，可依据墒情喷水1

次，当有90%幼苗出土时可在上面覆盖0.8～1 cm的基质，盖住露在外面的根系。

温度管理：白天温度保持28～32℃，夜间16～18℃，3月下旬棚内温度稳定在15℃以上，遇降温或霜冻时晚上应及时增温防冻。

水分管理：子叶及茎伸长期（展根期）基质相对湿度应降到80%，使基质通气量增加；真叶生长期供水应随秧苗成长而增加；炼苗期则限制供水，以使植株健壮。注意阴雨天光照不足不宜浇水；15时后不浇水；穴盘边缘植株注意补水。

施肥管理：苗期一般不追肥，可根据实际情况补充一定养分。缺肥可叶面喷施1 g/kg尿素溶液或磷酸二氢钾溶液；徒长可喷洒500 mg/kg的矮壮素，或者5 mg/kg缩节胺；老化苗、弱苗可喷洒10～30 mg/kg的920溶液，连用2次。

选择苗龄80～90 d、植株具10～12片真叶、茎秆粗壮、叶片大而肥厚、深绿色有光泽、无病虫害的壮苗进行定植。定植前10 d逐渐降低棚温和控制灌水，以缩短定植后的缓苗时间。

四、定植

温室内的气温稳定在5℃以上，10 cm地温1周左右不低于10℃时才能定植。选择寒流刚结束、气温开始回升的"零尾暖头"的晴朗天气定植。定植要在晴天9—14时进行，栽时浇埯水，要求水温不能太低，最好在温室的贮水池或容器（如缸等）内晾晒1～2 d，以免降低土温。定植距离，早熟品种行距40～50 cm，株距26～33 cm，每穴1～2株；晚熟品种行距66～73 cm，株距40～45 cm，每穴1株。干制辣椒穴距25 cm，每穴2～3株，每亩1.0万～1.5万株。

五、定植后管理

1. 水分管理

定植缓苗后浇1次水，后期浇水次数和浇水量应视土壤墒情和植株长势而定。辣椒总需水量不大，但是土壤应要保持湿润，土壤相对湿度保持在50%～60%为宜。辣椒出现干旱，可浇1～2次小水，浇水应在晴天上午进行。

2. 施肥管理

施一些腐熟好的有机肥。对土传病害严重的地块，应增施芽孢杆菌类生物有机肥，结合浇水每亩施复合肥10 kg左右。追肥应以氮、钾肥为主，并做到追肥与浇水相结合，以维持长势，延长结果期。

3. 中耕松土

定植成活后，及时浅中耕1次。植株开始生长，着重中耕1次。植株封行以前，再中耕1次。中耕结合除草和培土。

4. 整枝疏果

辣椒生长期间，要做好整枝疏果工作，要及早地疏去畸形果，以及门椒以下的侧枝，有利于果实发育，增加产量，另外，为了有效防止倒伏，可采取插架或吊秧等措施。在植株长到40 cm高时进行吊蔓，以防植株倒伏。对植株进行整枝，去掉门椒，保留两个主枝，二次分叉各留1个强枝。每个分叉处保留1个果实。

六、病虫害防治

辣椒主要病害有疫病、褐斑病、病毒病等。病害预防要选用高效低毒药剂如可杀得300（100 g药兑150 kg水）、阿米西达（醚菌酯1 000 g药兑100 kg水）等喷雾。疫病要在发病初期进行防控，可用药剂甲霜铜、杀毒矾、甲霜胺锰锌等。褐斑病可用硫悬浮剂、甲基硫菌灵悬浮剂进行连续防治。病毒病多发生在高温季节，除选用抗病品种外，培育壮苗，适当喷施叶面肥提高抵抗力，病毒病一旦发生不可逆转，重在预防。发病初期可使用植病灵乳剂、抗毒剂1号、菌毒清进行控制。

辣椒常见的虫害主要有蚜虫，棚室要加设防虫网，避免外界成虫飞入，同时黄板进行诱杀（涂一层机油的黄板悬挂在地块四周或临近高秆作物一侧，高度约为植株高度的2/3处，规格为25 cm×40 cm，每亩悬挂30～40块，并随辣椒生长而调整悬挂高度），已经发现可以用克蚜星、扑蚜虱、卵虫净等进行灭杀，10%吡虫啉4 000～6 000倍液喷雾。

七、采收

作为鲜食辣椒，大都采收青果，也可以采收红果。而作为干辣椒的，则必须采收红熟的果实，采收要及时，否则影响植株的生长和结果。

第八章 马铃薯

马铃薯（学名：*Solanum tuberosum* L.）为茄科茄属中能形成地下块茎的栽培种，别名洋芋、土豆等。起源于南美洲秘鲁和玻利维亚的安第斯山区，由印第安人驯化。马铃薯营养丰富，富含淀粉、糖、粗蛋白，以及各种维生素和矿物质。性平，有和胃、调中、健脾、益气的功效。我国各地均有栽培，并将马铃薯确定为稻米、小麦、玉米之后的第四主粮作物。

第一节 品 种

一、费乌瑞它

株型直立，分枝少，株高50 cm左右，块茎长椭圆形，表皮光滑，皮色淡黄，肉色深黄，芽眼少而浅，结薯集中，块茎膨大快，休眠期短，较耐贮藏。早熟，生育期80 d左右，薯块含淀粉12%～14%，还原糖0.5%，粗蛋白1.55%，维生素C 13.6 mg/100 g，干物质17.7%；

食味质量好；植株易感晚疫病，但因早熟可避病，抗Y病毒和卷叶病毒，一般亩产3 000 kg，商品薯率80%以上。

二、双丰5号

早熟品种，出苗至成熟60~65 d。株型直立，分枝性中等，株高51.1 cm，生长势中等偏弱。花白色，天然结实。匍匐茎短、结薯集中、块茎膨大速度快，单株结薯4~5块。块茎扁椭圆，薯形整齐，黄皮黄肉，薯皮光滑，芽眼浅，休眠期短，75~90 d。较抗马铃薯卷叶病毒和马铃薯重花叶病毒，轻感马铃薯X病毒，较抗疮痂病和环腐病。结薯对温度和光照不敏感，适合春秋二季栽培和早春保护地栽培。

三、希森6号

薯条加工及鲜食中熟品种。该品种生育期90 d左右，株高60~70 cm，株型直立，生长势强。茎色绿色，叶色绿色，花冠白色，天然结实性少，单株主茎数2.3个，单株结薯数7.7块，匍匐茎中等。薯型长椭圆，黄皮黄肉，薯皮光滑，芽眼浅，结薯集中，耐贮藏。干物质22.6%，淀粉15.1%，蛋白质1.78%，维生素C含量14.8 mg/100 g，还原糖0.14%，菜用品质好，炸条性状好。高感晚疫病，抗重花叶病毒，中抗X病毒。亩产3 000 kg左右。

第二节　栽培技术

一、栽培季节（在南疆）

新疆南疆光热资源丰富，年平均温度11.4℃，无霜期187~230 d，适合进行马铃薯的春秋两季栽培。

二、春露地马铃薯栽培

1. 整地施基肥

选择与玉米、小麦等谷类作物轮作2年以上地块。地势高、土壤疏松、肥沃、土层深厚、排灌良好的壤土或沙壤土地块。冬季于上冻之前深耕土壤30 cm以上，深耕前每亩撒施无害化处理的腐熟的农家肥3 000 ~ 4 000 kg。播种前结合旋耕撒施氮磷钾复合肥（15：10：20）50 kg/亩，商品有机肥100 kg/亩。

2. 种薯处理

（1）购买适宜的优质脱毒种薯后，在阳光下晾晒1 ~ 2 d，以杀死块茎表面病菌和减少块茎水分。

（2）播种前30 d种薯出窖，剔除病烂薯块后晒种1 ~ 2 d。

（3）22.4%氟唑菌苯胺（阿马士）或适乐时（咯菌腈）100 mL兑水1 kg，均匀地喷施在100 kg种薯上晾干药液后切块。

（4）种薯切块与处理。晾干后切块，切块大小20 ~ 30 g，切块使用的刀具用75%的酒精或0.5%的高锰酸钾水溶液消毒，做到一刀一沾，每人两把刀轮流使用，当用一把刀切种时，另一把刀浸泡于消毒液中，每切完一块马铃薯换一把刀，防止切种过程中传播病害。切块后，100 kg种薯加滑石粉2.5 kg，充分拌匀，使滑石粉完全粘在种块上，利于薯块分离干燥。

（4）催芽。播种前15 d左右催芽，薯块催芽温度以15 ~ 20 ℃为宜，可堆放室内，也可以放于苗床中，覆盖沙子3 ~ 4 cm。机械播种芽长不可太长，小于0.5 cm，出芽后使见光变绿后再播种。

3. 播种

（1）播种时间。10 cm深地温稳定在7 ~ 8℃时方可播种，促进快速出苗，减少病原菌侵染幼芽的概率。

（2）播种方法。用2 cm-2型单垄双行马铃薯一体化播种机播种。大垄双行，垄距80 cm，株距18 cm，亩定植4 500株左右。调节施肥器，沟施马铃薯专用肥（15：10：20）每亩40 kg+商品有机肥100 kg+辛硫磷1 kg/亩+1 kg生物菌剂，播种后，覆土12 cm（薯块到垄顶），铺设滴管带，然后覆盖黑白膜。

4. 田间管理

（1）膜上覆土。出苗前（幼苗离地面2 cm）地膜表面覆盖一层2～3 cm厚细土，以减少人工破膜引苗工序，也有利于增温保墒和防寒，同时防止杂草。

（2）水分管理。通过水肥一体设备进行灌溉，全生育期灌水10次左右，每亩总灌水量100 m³左右。根据土壤质地，每次灌水土壤湿润深度应控制在15 cm左右为宜。播后2～3 d，第一次灌溉，灌水量8 m³，保持土壤相对湿度50%左右，避免浇水过多而降低地温影响出苗，造成种薯腐烂。出苗后，第二次灌溉，灌水量8 m³，保持土壤相对湿度50%～60%。团棵期至封垄期，灌水2次，每次灌水量10 m³左右，保持土壤相对湿度60%～70%。以后每5～6 d灌溉1次，每次灌水量10 m³左右，保持土壤相对湿度70%～80%。收获前一周停止浇水。

（3）追肥。出全苗后植株4～5片叶时结合滴管每亩追施尿素5 kg，封垄期每亩追施黄腐酸水溶肥（含量55%）3 kg+中微量元素肥3～5 kg，10 d后每亩追施氯化钾5 kg+黄腐酸水溶肥3 kg（含量55%）。施肥时，前30 min滴清水，中间滴带肥料的水溶液，后30 min再滴清水，以防未溶解肥料堵塞毛管滴孔。

（4）生长期病虫防治。封垄期，喷施1～2次代森锰锌预防病害的发生。定期检查田间病害发生情况，发现病害及时用药（烯酰吗啉或增威赢绿或嘧菌酯等）。用黄板或黑光灯等物理措施预防诱杀虫害。根据田间长势，结合喷药进行叶面施肥。

5. 收获

用洪珠4U-83型马铃薯收获机进行收获，同时将薄膜、滴管带收起，收获时防止晒伤、擦伤。

三、大棚马铃薯栽培

1. 地块选择

选择与玉米、小麦等谷类作物轮作2年以上，地势高、土壤疏松、肥沃、土层深厚、排灌良好地块。

2. 冬耕土壤

于上冻之前深耕土壤30 cm以上，深耕前每亩撒施无害化处理的农家肥1 000～2 000 kg，撒施氮磷钾复合肥（15：10：20）50 kg/亩。

3. 起垄覆膜

冬耕完成后起垄，垄间距1.00～1.10 m，垄高30 cm，垄面宽50 cm。起垄后，铺设滴灌带，然后覆膜，膜宽1.20 m，膜厚度0.008～0.01 mm。

4. 种薯选择

选择鲁引1号、希森6号等适宜中原区种植的G2代优质脱毒种薯。

5. 种薯处理

（1）购买种薯后，在阳光下晾晒1～2 d，以杀死块茎表面病菌和减少块茎水分。

（2）播种前30 d种薯出窖，剔除病烂薯块后晒种1～2 d。

（3）22.4%氟唑菌苯胺（阿马士）或适乐时（咯菌腈）100 mL兑水1 kg，均匀地喷施在100 kg种薯上晾干药液后切块。

（4）种薯切块与处理。晾干后切块，切块大小20～30 g，切块使用的刀具用75%的酒精或0.5%的高锰酸钾水溶液消毒，每人两把刀轮流使用，当用一把刀切种时，另一把刀浸泡于消毒液中，每切完一块马铃薯换一把刀，防止切种过程中传播病害。切块后，100 kg种薯加滑石粉2.5 kg，充分拌匀，使滑石粉完全粘在种块上，利于薯块分离干燥。

（5）催壮芽。播种前15～20 d催芽，薯块催芽温度18～20℃为宜，湿度保持在80%～85%。芽长1～2 cm，将薯块拣出来晾在室内，使之变绿后再播种。

6. 大棚覆膜

为提高地温，可在播种前7～10 d覆盖大棚薄膜，根据种植季节或温度管理需要，可适时增加或去除二层薄膜。

7. 播种

单垄双行，小行距20 cm，株距20 cm。打孔播种，两行孔眼均匀错开呈三角形，打孔深度12 cm左右。薯芽朝上摆放，膜孔覆土压实。亩定植5 000株左右。

8. 加盖小拱棚

两垄马铃薯，用竹劈做支架，搭建一层小拱棚，提高地温，有利于早出苗。

9. 水分管理

根据土壤墒情，在播种后3～4 d内，选择晴天浇1次透水，出苗前不再浇水。出全苗后进行第一次浇水，苗期土壤含水量控制在40%～50%、发棵期50%～69%、开花期75%～80%、膨大期80%～85%、成熟期50%～60%，收获前一周停止浇水。

10. 温度管理

（1）出苗前。设施马铃薯因播种早，气温低，所以播种后尽可能提高设施内温度，10 cm深地温以16～18℃为宜，以提高地温，促进马铃薯早出苗。

（2）出苗后。出苗后棚内温度以16～22℃为宜，达到25℃以上容易造成马铃薯植株徒长，超过35℃或低于7℃，茎叶生长停止。根据棚内温度变化，及时进行保温或通风管理。当外界最低气温稳定在5℃以上时可撤去小拱棚棚膜，当外界温度稳定在15℃以上时，可昼夜通风或撤掉全部棚膜。

11. 通风

浇水后一定要注意通风排湿，如棚内湿度过大，阴雨天也要通风排湿。出苗后，棚内温度超过25℃，应及时通风降温。

12. 光照管理

由于薄膜的覆盖遮光，所以尽量增加设施内光照。具体做法是，出苗后白天把二层小拱棚掀开，晚上覆盖，即便是阴雨天气也要掀开二层小拱棚。始终保持薄膜清洁。

13. 追肥

出全苗后植株4～5片叶时结合滴灌每亩追施尿素5 kg，封垄期每亩追施黄腐酸水溶肥（含量55%）3 kg+中微量元素肥2 kg，10 d后每亩追施硫酸钾5 kg+黄腐酸水溶肥3 kg（含量55%）。施肥时，前30 min滴清水，中间滴带肥料的水溶液，后30 min再滴清水，以防未溶解肥料堵塞毛管滴孔。

14. 生长期病虫防治

加强通风，降低棚内湿度，防止病害的发生。封垄期，80%代森锰锌800倍液喷施1～2次预防病害的发生。定期检查田间病害发生情况，发现病害及时用药（80%烯酰吗啉或嘧菌酯等）。用黄板或黑光灯等物理措施预防诱杀虫害。根据田间长势，结合喷药进行叶面施肥。

15. 收获

根据田间长势及市场情况及时收获，用洪珠4U-83型马铃薯收获机进行收获，同时将薄膜、滴管带收起，收获时防止晒伤、擦伤。

第九章 黄 瓜

黄瓜（学名：*Cucumis sativus* L.）葫芦科黄瓜属一年生蔓生或攀缘草本植物。花果期夏季，现广泛种植于温带和热带地区，我国各地普遍栽培，且许多地区均有温室或塑料大棚栽培，是我国各地夏季主要菜蔬之一。

黄瓜喜温暖，不耐寒冷，喜光，喜湿而不耐涝、喜肥而不耐肥，宜选择富含有机质的肥沃土壤。黄瓜产量高，需水量大，多数品种在8～11 h的短日照条件下，生长良好。

第一节 品 种

栽培的黄瓜主要有大黄瓜和小黄瓜，大黄瓜又分为华北型黄瓜和华南型黄瓜，小黄瓜也有人叫迷你黄瓜、水果型黄瓜。生产上应根据需要选择黄瓜类型和品种，南疆一般习惯种植华北型黄瓜，品种也很多，目前用得比较多的主要是天津黄瓜研究所、中研益农等地的品种，如津春、津研、津绿系列品种，博耐38等系列，中研系列等。

一、津冬58号

植株生长势强，叶片中等大小，以主蔓结瓜为主，瓜条生长速度快，早熟性好，雌花节率较高，连续带瓜能力强，畸形瓜率低，茎秆粗壮，瓜码密，瓜条顺直，瓜条长35 cm左右，心

腔小，刺密，把短，色绿，单瓜重200 g左右，不早衰。中抗白粉病、霜霉病，抗枯萎病。耐低温、弱光能力强。适宜日光温室早春茬及春秋保护地栽培。

二、德瑞特1088

植株长势强，叶片中等大小、颜色深绿。拉瓜能力强，瓜码适中，膨瓜快，采收期长。果实棒状，瓜把很短，瓜条顺直，颜色墨绿，长度达34 cm左右。抗寒性和耐弱光性强；抗病性强，高抗靶斑病、细菌性流胶、霜霉病、灰霉病等。适宜日光温室越冬茬种植。

三、绿翡翠2号

中早熟，植株生长势强，不易早衰，强雌型，全生育期120 d左右。主蔓结瓜型，瓜条顺直，结瓜、带瓜性好，膨瓜速度快，瓜长15～18 cm，外皮浅绿色，瘤较大，颜色浅绿，风味浓，肉质脆，综合抗病性较强。适宜温室与春、秋大棚种植。

四、冬灵48号

植株长势中等，叶片中等大小，主蔓结瓜为主，瓜码密，单性结实能力强，膨瓜速度快。瓜条商品性优良，皮色亮绿，浅棱，瘤中刺密，把短，腰瓜长35 cm左右，果肉淡绿色，质脆清香。耐低温弱光能力强、抗霜霉病、白粉病。适合日光温室早春茬及秋冬茬栽培。

第二节　栽培技术

一、栽植季节

设施黄瓜种植以冬春茬和早春茬为主。品种选择以长势强，耐低温弱光，不早衰，耐密植的雌性品种为主。冬春茬一般11月播种，12月定植，瓜期可延续到翌年6月；早春茬一般2月播种，3月定植，瓜期3个月。不同地域可根据当地的气候进行调整，可以早一点或晚一点。秋季也能进行种植，定植时间多在霜降之前两个月，否则下霜后枯死，造成减产。

二、选地、整地、施肥

选择酸碱度pH值为5.8～7.6的土地，富含有机质、排灌功能好、保水又保肥的壤土，注意不能和瓜类作物连作。整地前及时清除枯枝烂叶及杂草，随后深翻晒垡，并达到一定天数，以暴晒土壤，增加肥力，杀死部分土传病虫害，然后施充分腐熟有机肥作基肥，每亩4 000～5 000 kg，翻耕混匀并充分暴晒后作畦。一般做成小高畦，畦宽1～1.1 m（高畦宽40～50 cm，沟宽60 cm，高在25 cm以上），南北走向。

三、播种育苗

黄瓜穴盘育苗宜选用50孔、72孔穴盘。培育黄瓜自根苗用72孔；培育嫁接黄瓜苗时，采用插接法时，用50孔穴盘播种砧木，平盘播种黄瓜种子。一般砧木播种比黄瓜播种提前5 d左右，砧木的子叶开始张开时播种黄瓜种子。靠接法砧木比黄瓜晚播种5 d。不同季节成苗天数不同，可以按预定的定植日期确定播种期。冬春茬和早春茬育苗苗龄一般为25～35 d，株高15～20 cm，3～4片真叶，根系长满孔穴，将基质团拢，起苗时不易散坨。

1. 苗床

选择地势平坦、靠近水源、便于操作的地块，挖好排水沟，育苗前铲平苗床。

2. 基质填充

选用优质基质，用适量水拌和基质，达到手捏成团、落地即散的状态。填装基质时准备一块塑料薄膜和木尺，穴盘放在薄膜上，将基质填满穴盘后用木尺刮平，然后用叠在一起的3～4个穴盘压出播种用的小穴，再把穴盘排到苗床中。播前一次性浇足底水，待底层见水即可。

3. 播种

每穴播1粒，种子平放，播后用拌好水的基质撒到穴盘上，用木尺刮平。

4. 播种后管理

苗期需保持穴盘基质的湿润，控制好浇水次数与浇水量，一般来说，根据秧苗大小和天气情况3～4 d浇1次大水，期间隔天浇小水或不浇水。

温度控制：黄瓜育苗阶段宜进行"两高两低"的温度管理，即出苗期和育苗中期适当高温管理，出苗后和定植前低温管理。以白天24～27℃，夜间12℃左右为宜。幼苗1～2叶期，白天温度控制在27～30℃，夜间保持在14～16℃。到定植前5 d，夜温再降到10～12℃进行低温炼苗。

5. 嫁接方法

黄瓜的子叶张开时可以进行嫁接。嫁接多用插接法。嫁接前将竹签、刀片和手等在70%的酒精中消毒后即可嫁接。具体操作如下。

插接法：

（1）嫁接适期。黄瓜幼苗子叶展开，砧木南瓜幼苗第一片真叶长至5分硬币大小时。

（2）操作。选用粗0.2～0.3 cm光滑竹签，先端削尖。砧木要用竹签轻轻除去生长点，将竹签的先端紧贴砧木一子叶基部的内侧，向另一子叶的下方斜插，插入深度为0.5~0.7 cm，不可穿破砧木表皮。削接穗时，左手托住黄瓜苗的两片子叶，下胚轴拉直，右手用刀片从黄瓜子叶下约1 cm处入刀，以30°角斜削一刀，将下胚轴大部分及根部削掉，使接穗下胚轴上的斜切面长0.5~0.7 cm，刀口要平滑。接穗削好后，将竹签从砧木中拔出，接穗切面向下插入砧木顶心的小孔中，插入的深度以削口与砧木插孔平为度，两者切口密切结合，并将砧木与接穗的子叶着生的方向成"十"字形。

靠接法：

（1）嫁接适期。黄瓜第一片真叶开始展开，砧木南瓜子叶完全展开。

（2）操作。将砧木苗和接穗苗从育苗盘中仔细挖出，先用刀片切掉砧木苗两子叶间的生长点，在砧木苗茎的一侧子叶下方与子叶着生方向垂直的一面上，自上向下呈45°角斜切一刀，深度为茎粗的一半左右，最深不超过茎粗的2/3，切口长约1 cm。再取黄瓜苗在子叶下1.5 cm处，自下向上呈45°斜切一刀，向上斜割幼茎一半深，长度与砧木的相等。然后将黄瓜与砧木的切口准确、迅速地插在一起，用手轻轻地捏住界面，不要松动，防止界面发生错位，然后用专用嫁接夹从接穗一侧夹住靠接部位，接后黄瓜子叶高于砧木子叶呈"十"字形，嫁接后将嫁接苗栽入营养钵中。栽植时，用手轻轻地捏好嫁接苗的界面部位，防止界面错位，将根放入营养钵内，用手抓住将根固定，为方便去掉接穗根系，注意将接穗根与砧木的根分开一定的距离，以便拔除接穗根时不伤及砧木根，界面与土壤表面保持3~4 cm的距离，避免污染界面及接穗与土壤接触发生不定根。

6. 嫁接后的管理

（1）保温保湿。嫁接黄瓜苗后3~5 d，湿度控制在85%~95%，保持适宜气温25℃促进伤口愈合，日温24~26℃，夜温

18～20℃。露天栽植的黄瓜，在嫁接培育幼苗时搭建小拱棚并覆盖塑料薄膜，以利于保温保湿。温室大棚培育的黄瓜嫁接苗，维持棚温日间26℃左右，夜间温度不低于18℃，3～5 d后，可将温度控制降低3℃。

（2）遮光。白天盖草苫或加遮阳网遮阴，避免阳光直射使接穗萎蔫并起到夜间保温作用，温度较低时适当多见光，促进伤口愈合。嫁接后2～3 d可早晚揭开草苫，接受弱光照射，中午前后覆盖草苫或加遮阳网遮阴，以后逐渐增加见光时间，一周后可不再遮光。

（3）通风。嫁接后3～5 d视苗情（以不萎蔫为度）短时间少量通风，通风口要小，以后逐渐加大通风，延长通风时间，一般9～10 d后可以进行大通风。开始通风后要注意幼苗生长情况，发现幼苗萎蔫需及时遮阴喷水，停止通风，育苗期视苗情浇1～2次水。

（4）接穗断根。靠接的嫁接10～15 d后给接穗断根，用刀片割断黄瓜根部以上的幼茎并拔出，断根5 d左右，接穗长到4片真叶时可定植。

（5）除萌。插接的应及时去除嫁接苗砧木子叶以上的萌蘖。

四、定植

选择连续晴天进行定植，保证定植后2～3 d也是晴好天气。在整好畦上按小行距40 cm左右种植两行，株距22～25 cm，浇定植水。

五、定植后的管理

1. 温度管理

缓苗期以保温为主，白天28～32℃，夜间20℃，不低于15℃。甩蔓期白天25～30℃，夜间15℃左右，夜间最低温度不低于10℃，温度管理主要是白天勤通风，防止温度过高引发徒长，中午气温超过30℃时，由顶部放风，无寒流情况下可逐渐撤下小拱棚。结瓜期对温度要求比较严格，适宜温度白天28℃左右，夜间18℃左右。温度过低或偏高均不利于结瓜，易化瓜，也容易形成畸形瓜。

2. 水肥管理

定植后晴天浇1次缓苗水，然后控水蹲苗，花期尽量不浇水，若土壤干旱严重，需要提前进行浇水。

根瓜膨大后，若茎叶长势强，可根瓜采收后浇水，若植株长势弱并缺水，须提前浇水。根瓜采收后，生长加快，需水量增加，要保持地膜下的土壤湿润。一般每10~15 d可追肥1次，通常每亩施氮磷钾复合肥10~15 kg。

进入结瓜盛期后需保证充足水肥，一般5~7 d 1次，使黄瓜有足够的营养可以结瓜。浇水次数需要根据土壤、天气等情况灵活掌握，注意防涝。结瓜后期要加大通风量，减少浇水量，每7~10 d浇1次水，降低温度。

3. 中耕除草

定植后反复进行浅中耕，划锄需浅，切记不能伤害新根。结瓜前，需多次进行中耕并注意拔除杂草，平时要将排水沟清理干净，保证排水通畅，尤其是在大雨后更要注意排水，保证田间湿度适宜。

4. 植株调整

温室中一般是吊蔓，黄瓜苗开始甩蔓时进行吊绳。选用耐老化能力强的温室专用塑料绳吊蔓，上端系到黄瓜苗正上方的南北铁丝上，下端缠到黄瓜苗茎上，吊绳不要拉得太紧。当黄瓜植株蔓长0.5 m左右、出现卷须时开始缠蔓，每3 d缠蔓。当瓜蔓爬到架顶时，需要及时落蔓、盘蔓。主蔓坐瓜前，将下部的侧枝全部打掉，以免妨碍主蔓正常坐瓜。及时摘老叶、病叶，可摘除卷须。露地栽培的黄瓜可以搭"人"字架，3 d左右引蔓1次，保证蔓均匀分布在支架上。

六、病虫害防治

1. 枯萎病、蔓枯病和根腐病

发病前或发病初期用5%菌毒清或50%多菌灵500倍液灌根，每株0.3～0.5 kg，或噁霉灵药糊涂抹病茎。

2. 霜霉病

霜霉病是黄瓜最主要的病害，为高温高湿型病害。防治可采用高温闷棚；药剂防治用5%百菌清或10%防霉灵粉剂每亩1 kg，在早晨或傍晚进行喷粉。

3. 细菌性角斑病、缘枯病和叶枯病

主要为害叶片，应首先做好种子消毒，发病初期及时喷药，用77%可杀得可湿性微粒粉剂500倍液。

4. 白粉病

又称"白毛"病，阴天易发病。防治用10%世高1 500倍液或40%杜邦福星5 000倍液喷雾；也可用百菌清烟剂熏治。

5. 灰霉病

主要为害幼瓜、叶、茎。防治要控制棚温，尽量提高温度到25～30℃，阴天不浇水，提倡采用膜下灌小水的方式给水，晴天锄划散湿。发生灰霉病后及时摘除病瓜，带出棚外深埋，拉秧后烧毁病残体。发病初期交替选用50%速克灵1 500倍液、65%甲霉灵1 000倍液喷雾，7 d 1次，连用2～3次。百菌清烟剂每亩250 g熏烟，或在傍晚喷撒5%百菌清粉尘剂，每亩1 kg，每10 d左右1次。

6. 黑星病

病菌主要侵染黄瓜的生长点，防治一定要对种子做好消毒工作，还要对棚室消毒，熏棚灭菌。利用药剂进行防治，用50%多菌灵可湿性粉剂600倍液、75%百菌清可湿性粉剂600倍液等进行喷雾防治。

7. 美洲斑潜蝇

每亩地均匀放置15张诱蝇纸诱杀成虫，3～4 d更换1次。在幼虫2龄前用2%阿维菌素2 000倍液喷雾。

8. 白粉虱

用10%吡虫啉、25%噻嗪酮1 000～1 500倍液、20%啶虫脒

3 000倍液、2.5%联苯菊酯（天王星）2 000～3 000倍液、1.8%阿维菌素1 500倍液等药剂，正反面喷雾防治。

七、采收

一般在早晨摘瓜。幼果采摘时，要轻拿轻放，为防止顶花带刺的幼果创伤，最好放在装20～30 kg重的竹筐、木箱或塑胶箱中，箱周围垫蒲席和薄膜，利于运输。黄瓜要及时采收，适当的早摘根瓜和矮小植株的瓜，可以促进植株的生长，空节较多生长过旺的植株，要少摘瓜，晚点摘可控制植株徒长。

第十章 南 瓜

南瓜起源于中南美洲，种植历史悠久（公元前5 000年），世界各地栽培广泛，是人类最早栽培的作物之一，是蔬菜中资源最为丰富、形态变化最大、色彩最为丰富、最具有变异性的种类，被称为植物界"多样性之最"。

第一节 品 种

南瓜的品种类型确实很多，在生产上应用的品种类型也很多，但大致可分为3个主要类型，中国南瓜［学名：*Cucurbita moschata*（Duch. ex Lam）Duch. ex Poiret］，如密本南瓜、金钩黄、黄狼南瓜、倭瓜等；印度南瓜（学名：*Cucurbita maxima* Duch.）也称为笋瓜，如贝贝南瓜、贵族南瓜、巨型南瓜等；美洲南瓜（学名：*Cucurbita pepo* L.），如西葫芦、搅瓜等。南瓜在南疆维吾尔语称作"卡瓦"，最常见的是"卡瓦包子"属于薄皮包子，主要用的是中国南瓜类型的品种如蜜本南瓜等。

一、蜜本南瓜

早中熟杂交一代南瓜品种，抗逆性强，适应性广，分枝力强。定植后70~90 d可采收老熟果实。主蔓15~16节着生第一雌花，瓜棒槌形，头小尾肥大，长约36 cm，横径15 cm，单瓜重1.5~3 kg，成

熟时有白粉，瓜皮橙黄色，肉厚，肉质细致，口感甜面，耐贮运。可育苗也可以直播，行距2 m、株距50 cm，播后覆土2~3 cm。亩产可达2 000 kg左右。

二、爱碧斯

日本进口的优良品种，早熟，高产，果实深绿色带浅色条纹，果型厚扁圆形，果肉深黄色，单果重1.7~1.9 kg，果肉厚，粉质多，肉质细腻，口味好，耐运输，商品性好，可鲜食或加工。适应性广，各地均可选择适宜的播种和种植季节。

三、碧如

极早熟，露地适温直播全生育期75 d左右，果型扁圆形，皮色好看，墨绿皮覆浅绿色条带，表皮较光滑，光泽度好，单果重2 kg左右，果肉橘黄色，肉质紧实细密，口感粉糯甜细。植株长势好，抗性好，亩产2 000 kg左右，上粉快、后熟快，耐贮运，产量高，表皮光滑颜值高。

四、印月

早熟，露地适温直播全生育期85 d左右，果型高扁圆形，银灰皮光泽度好，表皮光滑，坐果早，比老品种银栗坐果早10 d左右，肉质橘黄紧实，腔小肉厚，口感粉面甜，后熟后糯甜粉，像吃甜蛋黄，产量高，亩产在2 t左右，耐贮运，皮不易磨损，贮藏后表皮不会变色。

五、威尔蜜贝乐

杂交一代早熟迷你南瓜，长势旺盛，不早衰，开花后35 d左右可收获，单株可收获5~6果，产量高。果皮黑绿色，果扁圆形，单果重600 g左右，整齐一致：强粉质，口味佳。果肉橙色，玲珑可爱，甜而不腻，适合我国各地保护地和露地栽培。

六、青农绿栗1号

第一雌花着生节位7~8节，瓜形扁圆，皮色黑绿间银色斑纹，直径20 cm左右，种子少，肉厚3.0 cm左右，肉色橙黄，可溶性固形物及淀粉含量高，含水量低于80%，口感甜面，品质极佳，平均单瓜重2.0 kg。适于加工，较抗白粉病，

早熟，生育期90~100 d，适于露地和保护地栽培，平均亩产量2 100 kg。

第二节 栽培技术

一、栽植季节

南瓜一般采用春露地种植，播种时间于4月上中旬，上市时间7月上旬至9月中旬。塑料大棚南瓜早熟覆盖种植播种时间于1月下旬至2月上旬，上市时间4月中旬至6月中旬，直播或育苗移栽；秋季在温室、露地也可种植，要预防病毒病。

二、选地、整地、施肥

1. 选地

选择土质疏松透气、地势比较高、排水灌溉比较好的地块，不易积水，利于水分排出，最好是稍微偏酸性的沙壤土。

2. 整地

基肥应在耕地前施入，随耕地翻入土壤中，每亩施优质腐熟的农家肥4 000～5 000 kg，同时加入过磷酸钙30～50 kg，撒完肥后再翻耙1遍，使肥土混合均匀，然后开排水沟和灌水渠，即可作畦。一般做成爬地式的栽培畦，畦长视地形而定，宽1.8～2 m为宜。

三、播种、育苗

1. 直播

每穴播种2～3粒，要防止老鼠和地下害虫，以免造成缺苗。

2. 育苗移栽

挑选颗粒饱满、无病虫害、无损伤的优质种子，将种子放入温水中浸泡，并且不停地搅拌，一般6～8 h后捞出，将水分沥干，然后放置在温度为28℃左右的环境中催芽，等种子冒出芽白后即可进行播种。催芽的过程中种子每天翻动1次，使种子堆的内部与外部的温度基本保持一致；翻动种子时要检查水分状况，发现种子过干时要及时喷水。

提前准备南瓜育苗苗床，苗床的大小是根据种植规模的大小来准备的，苗床的通透性要好、肥力要足，有利于种子出苗。苗床中的营养土可用腐熟的农家肥及松软土壤混合配制，再铺放在苗床上，厚度40～50 cm。苗床浇透水，将种子平播于土上或芽尖朝下，播种后覆土2～3 cm。保持苗床温度在20～25℃，3～5 d就可出苗。南瓜出苗期间，注意随时轻轻摘掉种壳，以利子叶展开。苗期，要适当控制土壤湿度、苗间温度，防止苗徒长，保持苗床湿润，一般每7 d要浇1次水，但浇水量不宜过大，只要保证土壤有一定的湿度即可。为了促进南瓜根系发育，利于蹲苗，可进行1次移植，当植株长至3片叶时即可定植。壮苗标准：苗龄15 d左右，具有3叶1心，叶色浓绿，根系发达，无病虫害，苗高15 cm。

四、定植

选用子叶完好、真叶颜色深绿、下胚轴粗壮、根系发达的壮苗，一般栽苗深度，以子叶露出地面为宜。定植按株距刨穴，深10~13 cm，将苗带土坨植入穴中，随即浇水，水渗后覆土。注意浇穴水时，苗叶上不要沾水和泥土，以免影响缓苗和成活。为预防早春夜间环境温度过低，可使用塑料薄膜上加盖无纺布进行覆盖保温。

定植密度：露地亩定植900~1 100株；温室、拱棚亩定植800~900株。

单蔓定植：地爬栽培行距200 cm，株距33 cm；吊蔓栽培行距120 cm，株距55 cm。

五、定植后管理

1. 水肥管理

南瓜定植后1周浇1次缓苗水，促进枝叶生长，如果墒情好，一般不需浇水。在此阶段，应多次进行中耕，同时提高地温，促进根系发育，以利壮秧；坐果后浇1次膨果水。以后根据气候状况，适当浇水，保证果实发育，果实充分长大后，适当控水，促进果实干物质积累，提高南瓜质量。

苗期追肥以氮肥为主，目的是促进秧苗发棵。一般每亩施尿素5~8 kg。结果期除供应充足的氮肥外，同时要求磷、钾肥的及时补充，以保证果实充分膨大。一般在坐果以后，每亩施尿素10~15 kg，硫酸钾5~10 kg，共追施1~2次。在追肥时应注意：苗期追肥位置应靠近植株基部施用，进入结果期，追肥位置应逐渐向畦的两侧移动，一般进行条施。肥料的追施要做到少施、勤施，并在肥后要注意预防烧根及肥害。

2. 中耕松土

整个南瓜生育期间，从定植到伸蔓封行前，一般要进行中耕除草2～3次。第一次中耕除草是在浇过缓苗水后，在适耕期进行。中耕深度为3～5 cm。根系附近浅一些，离根系远的地方深一些，以不松动根系为好。第二次中耕除草，应在瓜秧开始倒蔓、向前爬时进行，这次中耕可适当地向瓜秧根部培土，使之形成小高垄，利于雨季时排水。注意在除草时，不要移动苗和伤着苗或根系，不要将南瓜植株及叶搞坏。

3. 整枝吊蔓

（1）单蔓整枝。主蔓叶腋间发生的侧芽要及时清除，当主蔓50～60 cm时进行吊蔓。

（2）双蔓整枝。当植株长至4～5片真叶时对主蔓摘心，当子蔓长到10～15 cm时，选留两条生长势相当等长的子蔓，使其平行生长以利坐瓜均匀和果型整齐，同时子蔓叶腋间发生的侧芽要及时清除，为最大限度地利用空间、光照，有利于提高产量，当子蔓50～60 cm时进行吊蔓。当子蔓长至4片真叶蔓长约30 cm时，喷施增瓜灵。用药前1～2 d须浇水1次。施用方法：每亩用3～4袋增瓜灵（每袋15 g），兑水15 kg喷施植株叶面，喷至叶面湿润为止，不能多喷或少喷，每天喷1遍连喷3～4 d，以促进雌花发育。喷施后一周内不宜浇水，以免影响效果。

4. 保花保果

为保障有效坐果需进行人工辅助授粉和坐果灵处理。南瓜雌花一般于凌晨开放，在清晨6—9时受精结实率较高，人工授粉宜在9时前结束，南疆地区推迟2 h。目前坐果处理主要采用以下两种方法。

（1）点花蕊。用雄蕊直接触碰当天开放的雌花花蕊上。一般适用于面积小、未使用增瓜灵可正常产生花粉的地块。

（2）喷花蕊。用手持型小型喷雾器对准雌花花蕊喷施坐瓜灵，每袋20 g兑水2.5 kg，喷施过程中注意不要把药液溅到茎叶上。

5. 疏果留果

当子蔓长至16 ~ 18片真叶时会出现连续坐果现象，如果连续坐果太多，可去掉子蔓下部和上部的果实，仅保留中间4 ~ 5个果为宜。在最后一个果实的上方预留4 ~ 5片叶摘心并留侧枝1条，以备二茬瓜用。

六、南瓜病虫害

1. 白粉病

选育抗、耐病品种种植，增施磷钾肥，并采用滴灌和膜下暗灌技术，发生病害后，选用多硫悬浮剂500 ~ 600倍液喷雾防治。

2. 疫病

与非葫芦科作物轮作5年以上，并选抗病品种种植，发病后，使用70%乙磷铝可湿性粉剂灌根或喷雾，或58%甲霜灵锰锌可湿性粉剂500倍液灌根，每隔7 ~ 10 d喷药1次，连续喷药3 ~ 4次。

3. 绵腐病

采用高畦深沟种植，加强农杂肥的施入，并保持田间通风，发病后，使用75%敌克松800倍液进行喷洒，雨季隔10 d 1次，连续3次。

4. 地老虎

利用黑光灯或糖醋诱蛾灭杀成虫。药物防治可选用20%氰戊菊酯乳油喷雾防治幼虫，如果南瓜没有发生虫害，可以使用50%辛硫磷乳油施于瓜苗周围。

七、采收

当果实果皮颜色从绿色向浓绿色转变且光泽度减少，果柄开始木质化，且木质化部位从绿色逐渐变成白色即可开始采收。一般坐果后40 ~ 45 d采收。

八、采后贮藏

南瓜的风干过程至少需要一周。放置于凉爽的环境中，保持较低的温度，使果实表面干燥。风干的目的是预防炭疽病等病原从伤口侵入，促进果实成熟、提高食品风味，使果梗部干燥化，抑制上市后果实腐烂，延长贮藏时间。

第十一章 西葫芦

西葫芦属于美洲南瓜，起源于南美洲，传入我国后早已获得消费者认可，因为它的耐寒、耐旱、耐温能力都较强，目前在全国各地都有种植。

第一节 品 种

选择矮生、短蔓、直立性强、抗病能力强，第5至第6节开始结瓜，每棵能收4~5个嫩瓜的高产品种。

一、京葫36

杂交一代西葫芦品种。中早熟，生长势中上，根系发达，茎秆粗壮，株形透光率好，连续结瓜能力强，瓜码密，产量高。瓜长23~24 cm，粗6~7 cm，长柱形、粗细均匀，油亮翠绿，花纹细腻，商品性好。适合北方越冬温室、早春大棚栽培。

二、寒盛7070

中早熟品种，定植到采瓜37~44 d，植株长势健壮，带瓜能力强，瓜长棒形，瓜长22~26 cm，瓜条匀称顺直，产量高。适宜春、秋露地种植。

三、翠玉

一代杂交种，早熟，植株矮生，节间短，株型紧凑，适合密植。前期坐瓜多而集中，瓜长24 cm左右，瓜条顺直，嫩绿细腻，商品性佳，丰产性好，耐热性、抗病性强，适于春秋露地和大棚栽培。

四、寒玉

特早熟，植株生长旺盛，连续坐果能力强，果实长筒形，瓜长19～20 cm，瓜径5～6 cm，单瓜重300～400 g。单株可采瓜20个以上。瓜条顺直，精细均匀，瓜皮浅绿，上覆均匀白色斑点，颜色较纤手、碧玉等稍绿，外皮光滑，皮较厚，适合长途贩运，商品性好。低温弱光下结瓜能力强，适于棚室秋延迟、越冬及早春栽培，特别适于棚室越冬栽培。

五、冬玉

早熟，节性好，瓜色光泽淡绿，长棒形，长22 cm，粗6 cm，外表美观，品质佳，商品性好。根系发达，长势旺，采购期200 d以上，抗逆性强，是极耐寒的日光温室越冬栽培专用品种。

第二节　栽培技术

一、栽植季节

露地栽培西葫芦在南疆以春季栽培为主，一般是在4—5月进行定植，5—7月采收。而秋季则是在8月进行种植，种植面积较少，因气温较高，阴雨天较多，病虫害较多，成活率受影响。

大棚早春茬西葫芦的定植期必须在大棚内10 cm地温稳定在11℃以上，夜间气温高于0℃时进行，确定了安全定植期后，从定植期向前推30~35 d即为当地西葫芦的播种育苗适期。

日光温室种植西葫芦，可排开种植，以达到分期上市的目的。秋冬茬9月上旬育苗或直播，10月上旬定植，11月采收至春节后拉秧；越冬茬10月下旬育苗，11月下旬定植，12月中下旬开始采收至翌年3月下旬；冬春茬西葫芦一般在12月下旬育苗，1月下旬定植，2月中下开始采收至5月中下旬拉秧。

二、选地、整地、施肥

1. 选地

选择微量元素丰富、排水性良好的前茬非瓜类作物的地块，可以使用有机质含量多的腐殖土或者沙壤土，在种植后需要定期疏松土壤。

2. 整地

定植前1周左右进行整地，为了使西葫芦获得高产，需每亩施用优质腐熟的农家肥5 000 kg、氮磷钾三元素复合肥30 kg作底肥，深翻细耙使表层土壤和肥料充分混匀（沟施最佳），早春茬栽培时，平整地块后按80~100 cm行距做成宽40 cm、高15 cm的垄，覆黑地膜防草害、降地温；日光温室冬春茬栽培一般采用大行80 cm，小行60 cm，做15 cm的垄，然后浇水，大水浇透。定植前要用杀菌剂、杀虫剂、叶面肥喷洒幼苗，预防苗期病虫害。

三、播种育苗

挑选颗粒饱满、无病害的种子做催芽处理。种子处理及育苗方式参照黄瓜的播种育苗管理方法。

四、定植

日光温室冬春茬西葫芦一般在11月上旬至12月初播种。定植要选晴天上午进行，栽植深度以埋没原土坨1~2 cm为宜。栽后及时覆盖地膜，浇足水。

早春茬西葫芦可直接开穴定植。矮生型品种，双行定植的，株距0.7~0.8 m，单行定植的，株距0.6~0.7 m。移栽后及时覆盖地膜，划一个小口，将苗轻轻掏出，并用泥土将膜孔封住。加盖小拱棚的，应在定植后即架棚覆膜，并于夜间加盖草帘等保温。温室冬春茬栽培的，垄上种植两行，株距40~50 cm，一般每亩栽植2 000株左右。

五、定植后管理

1. 温度管理

冬春西葫芦定植后，白天气温保持在25~30℃，缓苗后温度适当降低，白天20~26℃。植株坐瓜后适当提高温度，白天25~30℃，夜间15~20℃，当温度超过30℃时要通风，降到20℃以下闭棚，15℃左右时要放下草苫保温。入春后，天气回暖，中午应及时通风降温。为增加室内光照，可在后部悬挂反光幕。

2. 水肥管理

定植后至根瓜膨大时应控制水肥，避免徒长。当根瓜长至10 cm左右时浇水并随水每亩冲施复合肥20~25 kg。结果期应逐渐增加浇水次数和浇水量，并适时追肥。根据西葫芦长势强弱，还可进行叶面追肥。在冬春季节进行棚内二氧化碳施肥，也有明显的增产效果。

3. 人工授粉

在温室中种植西葫芦需进行人工授粉，授粉需在11时以前，每朵雄花可授3~4朵雌花，为防止受精不良，需在雌花开放前两天，用20~30 mg/kg的2, 4-D点花。

4. 植株调整及压蔓

每株采果3~4个后，植株进入盛果期，常因养分供应不足，环境条件差，病害容易流行，导致早衰。此时是进行植株调整和压蔓的关键时期，先在每一畦面上选留一行瓜，另一行瓜及其行上的地膜一并除去，在空出的畦面上每亩撒施磷酸二铵25 kg后，翻地整平。在重新整好的畦面上，开一条深4~5 cm的小沟，摘除所留瓜秧基部的病叶和老叶，喷施58%甲霜灵锰锌500倍液后，将基部的茎蔓压入开好的沟内，培土填平。温室冬春茬栽培的要及时吊蔓和落蔓，当植株有8~10片叶时应进行吊蔓与绑蔓；当瓜秧的高度离棚室有30 cm左右时，要进行落蔓，首先将下部老叶、黄叶、病叶打掉，打时叶柄留长些，以免严冬季节低温高湿、伤口溃烂后延伸至主蔓而折倒，影响产量。

5. 压蔓后的管理

茎蔓埋入土中后，植株通风透光好，病害发生轻，很快产生大量不定根，对水肥吸收力强，生长旺盛，每株可同时结瓜3~4个，在瓜重0.3 kg左右及时采收。同时要加强水肥管理，每隔1个月亩施尿素6 kg，并根外喷施惠丰满等叶面肥。

六、西葫芦病虫害防治

西葫芦的主要病害有白粉病、病毒病、霜霉病、灰霉病等；主要虫害有白粉虱、蚜虫、茶黄螨、红蜘蛛、美洲斑潜蝇。

1. 农业防治

选用抗（耐）病虫的优良西葫芦品种。合理布局，切忌连作，加强田间管理，合理施肥，增强植株的抗病虫能力。清理田园杂草，深翻土壤，消灭越冬病原、虫蛹，减少病虫源基数。高温闷棚。

2. 物理防治

利用害虫的驱避性进行防治：悬挂黄色粘虫板或黄色机油板诱杀蚜虫；利用频振式杀虫灯和性诱剂诱杀夜蛾科害虫的成虫等。

3. 药物防治

白粉病：发病初期用10%世高水分散性颗粒剂2 500倍液喷雾，正反两面都喷，5～7 d 1次，连喷2～3次；或20%敌菌酮600倍液，或40%福星6 000倍液，或40%硫胶悬剂1 000倍液，或农抗120水剂200倍液，6～7 d喷1次，连喷2～3次。

病毒病：发病前期至初期可用20%病毒A可湿性粉剂500倍液，或1.5%植病灵乳剂1 000倍液，或抗毒剂1号水剂250倍液喷洒叶面，每10 d 1次，连续喷施2～3次。

灰霉病：发病初期用50%农利灵可湿性粉剂1 000倍液，或65%甲霉灵可湿性粉剂500倍液，或50%敌菌灵可湿性粉剂500倍液，或45%特克多悬浮剂800倍液喷雾，重点喷洒花和幼瓜。保护地用防治灰霉病的粉尘剂，如6.5%甲霉灵粉尘剂1 kg/亩喷粉，或20%特克多烟雾剂0.3～0.5 kg/亩。

绵腐病：发病初期可选用72%霜脲·锰锌可湿性粉剂800倍液，或50%溶菌灵可湿性粉剂800倍液，或72.2%普力克水剂800倍液，或69%安克·锰锌可湿性粉剂1 000倍液，或80%赛得福可湿性粉剂400倍液喷雾。

根霉腐烂病：可用50%多菌灵可湿性粉剂，或50%多硫悬浮剂500倍液，或70%甲基硫菌灵可湿性粉剂800倍液，或50%扑海因可湿性粉剂1 500倍液，或80%大生可湿性粉剂800倍液喷雾。

白粉虱：可用25%扑虱灵2 000倍液，20%灭扫利2 000倍液，10%吡虫啉1 000倍液，每5～7 d喷1次，连喷2～3次。也可用灭蚜灵烟剂，每亩次350 g，交替使用。

蚜虫：可用10%氯氰菊酯2 000倍液，10%吡虫啉1 500倍液，每3～5 d喷1次，连喷2～3次，或灭蚜烟剂密闭熏棚，每亩次350 g。

茶黄螨：可用10%螨死净3 000倍液，25%哒螨酮1 500倍液，1.8%爱福丁3 000倍液。每5～7 d喷1次，连喷2～3次。此外，前茬收后及时清除残枝落叶，集中烧毁，并全棚喷药杀死残虫。

红蜘蛛：可用1.8%农克螨乳油2 000倍液，20%螨克乳油2 000倍液，1.8爱福丁3 000倍液，每隔7～10 d喷1次，连喷2～3次。

潜叶蝇：可用25%爱卡士1 000倍液，10%高效氯氰菊酯2 000倍液，20%菊马油2 000倍液，1.8%爱福丁3 000倍液，再加入等量的增效剂，每3～5 d喷1次，连喷2～3次。

七、采收

一般定植后55～60 d即可进入采收期。根瓜200 g左右采收，以防止因坠秧而影响上部雌花开放和坐果。西葫芦以食用嫩瓜为主，达到商品瓜要求时进行采收，雌花开放后10～15 d，单果品质达250 g左右时即可采收。采收最好在早晨进行，此时温度低，空气湿度大，果实中含水量高。长势旺的植株适当多留瓜、留大瓜，徒长的植株适当晚采瓜。长势弱的植株应少留瓜、早采瓜。采摘时不要损伤主蔓，瓜柄尽量留在主蔓上。

第十二章　大　葱

大葱（学名：*Allium fistulosum* L.）为石蒜科葱属二三年生草本植物。起源于我国西部和俄罗斯西伯利亚地区，在我国有3 000多年的栽培历史，全国各地都有栽培。大葱耐寒、耐热，适应性强，高产耐贮。大葱营养丰富，气味微辛辣，含有较多的糖类、蛋白质、矿物质和维生素，含有辛辣物质硫化丙烯，不仅是常年必备的调味佳品，还具有较强的杀菌作用等。

第一节　品　种

春植选择耐热、耐涝、生长速度快、抗倒伏能力强、生长周期短的葱种；夏植选择耐热、耐涝、耐寒、抗倒伏能力强、生长周期中等的葱种；秋植选择极晚抽、耐寒、生长周期长的葱种；冬植选择晚抽耐寒、抗逆性好的品种。

一、章丘大葱

山东章丘地方品种，辣味淡，清甜，脆嫩可口，葱白长。一般葱白长50～60 cm、径粗3～4 cm。最宜生食，也可熟食作调味品。

二、东岳

日本进口一代杂交高产大葱种。生长旺盛，耐热、耐寒性强，叶色浓绿，扇面平整，不易折叶，直立性好。整齐度高，叶鞘部紧实，容易采收。葱秆粗硬，颜色白、纤维细，长40 cm左右。抗病性好，产量高。

三、GL2339

引进日本杂交一代晚抽薹品种。生长势强，耐热好。葱叶长度中等，植株整齐一致，叶色浓绿，葱白长45 cm左右，叶鞘紧实，葱白部硬度均匀性好，抗病性强，适应性广，容易栽培。

四、盼玉冬美

耐寒晚抽薹，叶鲜绿色，葱白紧实。生长旺盛，直立性好，可以密植。质柔软，口味佳，菜市场评价高。适应性强，耐病性好，容易种植，寒冷地区适宜大棚栽培。

五、盼玉盛世

叶色深绿，适合秋冬栽培，低温期软白伸展好，叶片不易弯折，抗叶锈病性强，株高约95 cm，紧实，口味佳，分叉少，品质优良。

第二节　栽培技术

一、栽植季节

根据茬口安排，不同品种及不同上市时间，可采取秋播育苗和春播育苗。

春播育苗从3月中旬（惊蛰至春分之间）播种，6月底至7月初移栽定植，大葱生长盛期安排在立秋适宜季节，使其有充分的时间生长，10月底（立冬前后）收获。

大葱秋播育苗一般9月上旬播种，过早易春化抽薹，过晚易被冻死；越冬前幼苗具有2～3片叶，株高在10 cm左右，假茎基部0.5 cm以下。

二、选地、整地、施肥

1. 选地

选择地势高燥、质地疏松、肥力中上、土层深厚、能灌能排的中性或微碱性地块栽植，并切忌连茬，要与葱蒜类进行3年以上的轮作。

2. 整地

栽植大葱的地块，在前茬作物收获后，立即清除枯枝落叶和杂草，定植前每亩施充分腐熟的有机肥5 000～6 000 kg，过磷酸钙50～75 kg，尿素40 kg。结合耕翻使土肥充分混匀，耙平，做成南北向栽培沟，使大葱受光均匀，可减轻秋冬季节强北风造成的倒伏。定植期接近雨季的地区，栽葱地不需翻耕过深，深耕因土层松散，开沟栽植时易塌沟，并易积水涝苗。可浅耙灭茬，清除枯枝、落叶和杂草，随时挖沟，随时定植。

三、播种育苗

1. 制作苗床

大葱苗床地要选择靠近水渠、背风向阳、土质肥沃的地块，并切忌连茬。播种后要15 d左右才能出土。进行精细整地，清除前茬作物的枯枝落叶、杂草、深翻细耙，在翻地的同时，每分（1分≈66.7m²，10分=1亩）地可施400～500 kg充分腐熟的有机肥、2～3 kg尿素。秋播育苗整地时，可在每分地中施入尿素2 kg，使其提前入土与土混合分解。将整好的地做成85～100 cm宽、6 m长的畦，畦埂宽度宜为24～26 cm，育苗畦要求做到畦平、埂直、土松。秋播育苗播种前7 d，将畦面浇水漫灌润透苗床。春播育苗畦面冬前浇1遍冻水，做到底墒充足。

2. 播种

大葱种子的播种量每亩可播种1 kg。将选好的种子进行催芽处理，用30～50℃的温水浸种35～40 h，而后以15～25℃温度催芽5～7 d。在催芽时将种子装入布袋或瓦盆中，也可在种子中掺入一些沙土，催芽过程中，要经常翻动种子，并用20℃温水冲洗，一般5～7 d种皮拱破后即可播种。

（1）条播。在调整好的畦内，将表土起出1.5～2 cm，堆放在畦埂或畦外，起土的厚度要力求一致，起土后，如土壤墒情不足，可用喷壶将畦面浇一层表水，待水渗入土壤后开始播种。将种子按1∶5的比例，掺入细土，混合均匀后再进行播种。具体操作：用一齿划沟器开沟，沟深1.5～2 cm，行距4～5 cm，第一沟开完后，用大壶顺沟浇水，浇水量视土壤墒情而定。水渗下后开始播种，（仍可按1∶5掺入细土）播种后开第二沟，用第二沟的土覆盖第一沟，以后依次类推，一畦播完后用钉耙将畦面梳平，过一两天后用铁锹将畦面拍实。

（2）撒播。在调整好的畦内，均匀撒播种子。

（3）苗床管理。春播育苗的，播后在畦面上用树枝或竹竿支成离地30～40 cm高的半圆形棚架，上面覆盖塑料薄膜，四周用土把薄膜压实，再将棚顶上用竹片弯弓压膜。小拱棚育苗可比露地育苗提前20～30 d出圃。但出苗后要经常放风透气，对幼苗进行锻炼，待室外温度达到10℃左右时即可撤去拱棚。

从播种到出土应经常保持床面湿润，防止床土板结，并结合浇水于出苗后每亩追施尿素5 kg左右。秋播苗冬前应少浇水，以防止幼苗徒长和冬前苗过大，通过春化而抽薹。幼苗越冬前要浇1次封冻水，返青后浇1次返青水。随着气温升高，进入幼苗生长盛期，应结合浇水，追肥2~3次，并进行除草。定植前10 d停止浇水，以加强幼苗锻炼。葱苗40~50 cm，每千克60~70棵时，为理想葱苗。定植前1~2 d浇水润畦，以利于定植起苗。

四、定植

1. 开沟施肥

定植地块要与育苗地块基本一致，要利于排水，以防雨季沟积水，按照品种要求的种植行距开沟。一般开沟深宽为30~35 cm，行距的标准应为：葱高度+1/2葱白高度。栽植沟开挖好以后，可在沟底施入腐熟的有机肥和速效化肥。

2. 起苗

起苗时可用手握住葱苗根部，用柔力将葱苗拔起，畦埂两旁的或过大的葱苗，要用叉将苗掘起后再拔，切忌用手硬拔，伤皮断茎。拔起的秧苗，抖净泥土，剔除病残株和细弱株，然后将秧苗按大、中、小分三级堆放。

3. 定植

分为水插定植和旱摆定植两种办法。

水播定植：将栽植沟内浇3~4 cm深的水，用水把栽植沟底土润透，人站在另一未灌水的垄中，水插深度不可超过五叉股。

旱摆定植：将秧苗靠在沟壁一侧，按要求株距摆好，然后覆土盖根，踩实，灌水。

五、定植后管理

每次培土厚度均以培至最上叶片的出口处为宜，切不可埋没心叶，以免影响大葱生长。培土是软化叶鞘、防止倒伏、提高葱白产量和质量的重要措施。

六、病虫害防治

霜霉病：波尔多液（1：1：240，即1份硫酸铜，1份生石灰加

240份水）、65%代森锌可湿性粉剂500～700倍液、75%百菌清600倍液、50%敌菌灵可湿性粉剂500倍液等，从5～6叶期起或发病初期，开始喷药保护，以后每7～10 d喷药1次，连续3～4次，遇雨要缩短喷药时间。

紫斑病：发病初期可用75%百菌清600倍液，或50%敌菌灵可湿性粉剂500倍液等喷药保护，以后每7～10 d喷药1次，连续3～4次，遇雨要缩短喷药时间。

根腐病：在发病前或发病初期可以喷敌克松原粉500～1 000倍液、50%代森锌600～800倍液、96%噁霉灵3 000倍液、抗菌剂"401"500～600倍液灌根，防止病害蔓延。喷药应以轻病株及其周围的植株为重点，注意喷在接近地表的假茎基部。

七、采收

大葱可以根据市场需要，随时收获上市。9—10月都可采收鲜葱上市，但不能贮藏。冬贮大葱的收获时间主要根据天气情况来定，在不受冻害的前提下尽量晚收。收获过早，生长期缩短，产量降低，不耐贮藏；收获过晚，易遭受冻害引起腐烂，同时会因土地结冻而刨收困难。冬贮大葱的收获期因地因时而异，一般在11月上旬收获。收获大葱时，可用铁锹将葱垄一侧的土壤挖松，露出葱白后再用手轻拔，忌猛拔猛拉，否则会因损伤葱白、拉断茎盘或断根而降低商品质量。收获后的大葱应抖净泥土，摊放在地里，每两沟葱并成一排，在地里晾晒2～3 d。待叶片柔软，须根和葱白表层半干时，除去枯叶，分级打捆，每捆7～10 kg。大葱收获后不可随便堆放，否则易发热腐烂。收获大葱还应避开早晨霜冻。

八、贮藏

冬贮大葱收获以后，要晾晒2～3 d，使其叶片萎蔫，须根和假茎外皮水分减少，然后在阴凉通风处堆放保存。堆放时，要根朝下，叶片捋顺，顺风覆盖，每30～40 cm为一行，然后行间放上一捆柴禾或留一小通道再码第二行，以利通风散热。过5～7 d倒1次行。进入小雪以后，即可进行捆把。

1. 浅坑假植法

在地面上挖3～6 cm深的坑，将挖出来的土放在四周筑起土埂，将坑底土疏松，晒1～2 d，将晾干的冬贮葱捆根朝下依次码放在坑内，每米宽横隔一小捆秫秸，以利通气、散热。坑底要平，坑宽1.5 m左右，呈长方形，上面架好横杆，遇低温、夜间下霜、降雪时覆盖草帘或苇席。为了散热通风，白天晾晒揭席，晚上覆盖。发现堆内温度过高立即翻堆出风。气温超过5℃时，应将葱出坑，露地晾晒后放在背光通风处继续贮藏。

2. 地面贮藏

进入小雪以后，在院内背风处平地上铺3～4 cm厚的一层湿沙，沙湿度以握成团、扔即散为宜，把捆好的大葱紧密地码放在沙土上，叶朝上，根朝下，葱码成长方形，宽1.5 m左右，长无限。码好后在四周葱根部培15 cm高的土即可。

第十三章

洋 葱

洋葱（学名：*Allium cepa* L.）是石蒜科、葱属多年生草本植物，原产亚洲西部，20世纪初引进我国，是我国主栽蔬菜之一，被誉为"菜中皇后"，营养价值较高，在我国各地均有栽培。因成熟度的不同可分为早熟、中熟及晚熟，产地主要有福建、山东、甘肃、内蒙古、新疆等地。洋葱在新疆叫"皮牙子"，是洋葱的维吾尔语，南北疆都有栽培，是新疆喜食的不可缺少的特色蔬菜之一。

第一节 品　种

栽培洋葱要选择产量高、质量优、抗病耐抽薹的品种，适合本地市场需求。新疆栽培洋葱的品种类型主要有白皮洋葱、紫红皮洋葱和黄皮洋葱，但近几年以白皮洋葱种植较多，品种主要是美国白玉。洋葱的种子保质期比较短，一般只有一年，要选择当年的新种子，禁用陈种子。

一、天正105

中日照类型黄皮洋葱杂交种，植株生长势强，外皮金黄色，有光泽，假茎较细，收口紧；硬度较高，商品性好。内部鳞片乳白色，肉质柔嫩，辣味淡，口感好，外皮金黄色，管状叶直立、

8～9片、浓绿色。鳞茎近圆球形，球形指数0.85左右，单球重300 g左右，耐分球，耐抽薹，耐贮存。

二、天正201

属于中日照类型红皮洋葱杂交种。商品性好，整齐度高。外皮呈粉红色，不易裂皮，有光泽，葱球硬度好、耐贮存。球形指数0.80以上，假茎较细，收口好，平均单球重在350 g左右，亩产量7 000 kg以上。

三、威尔白19号

本品种为长日照一代杂交种洋葱种，小白葱，可用于脱水加工，干物质含量高，中晚熟，生育期115～120 d。适宜甘肃、内蒙古、新疆等长日照地区早春栽培。

第二节　栽培技术

一、栽植季节

洋葱在北疆主要是春季育苗移栽，而在南疆春季和秋季均可播种育苗，但以秋季移栽越冬栽培为主。一般越冬栽培8—9月育苗，10月下旬到11月初移栽大田；春季栽培一般冬季设施育苗，2—4月大田土壤冻融后即可移栽，6月收获。

二、选地、整地、施肥

1.选地

选择土质疏松、有机质含量高、光照充足、保水保肥、排灌便利的地块。

2.整地

移苗前对选好的地块精耕细耙，镇压平整，结构疏松，清除枯枝残叶，有利于发根。深耕50 cm，结合耕地施入有机肥2 000 kg左右，过磷酸钙30 kg，硫酸钾肥料30 kg。

三、播种育苗

1.苗床选择

育洋葱苗之前一定要选择合适的土壤，一般选择土质疏松、有机质含量高、光照充足、保水保肥、排灌便利的土地育苗；土壤的pH值一定要呈中性，选好地后每亩可以施入腐熟粪肥3 000 kg、过磷酸钙60 kg，然后翻整作畦。

2.种子处理

洋葱在播种前先将种子用50~55℃的温水浸泡15~25 min，这一期间要不断搅拌，使种子吸足水分膨胀，当温度降至30℃时，继续浸种8~12 h，然后捞出将其放置在12~20℃的环境下催芽，当有1/3种子露白时即可进行播种。

3.播种

先在畦面上浇1次底水，然后将洋葱种子均匀点播在土壤的表层，每亩地的播种量为4 kg左右；播种后为其覆盖过筛的细土0.5~1 cm，最后用稻草盖住保温，这样能帮助洋葱种子尽快出苗。

4.苗期管理

洋葱播种后7~8 d即可出苗。出苗后可根据墒情进行浇水，每隔10 d浇1次水，当洋葱长出两个叶子后，应施入适量的肥料，并及时间苗，苗距3 cm，注意防治害虫，消灭杂草。洋葱比较喜欢生长在凉爽干燥的环境下，一般种子在4℃左右的温度下即可发芽，但是适宜的发芽温度为16~17℃，其中幼苗的生长适温在12~20℃。如果温度超出25℃，就会导致其生长速度降低。

四、移栽定植

1.覆膜

种植洋葱幼苗前需覆膜，覆膜前先浇水，制造墒情，然后打除草剂，覆膜的时候应该保证晴天进行，然后提高地温，提高土壤保水保肥能力，促进洋葱幼苗壮苗。

2.定植

当幼苗长到20 cm高，茎粗0.5~0.8 cm，具有4~5片叶时可以进行移栽，方法常采用平畦移栽。定植时按洋葱苗大小分开定植，以便其生长一致，并剔除叶鞘直径超过0.8 cm的大苗和0.3 cm以下的弱小苗及病苗。

定植标准为：

（1）株距13~15 cm，行距16~18 cm。每幅移栽8行。移栽时苗子要上下垂直，不能东倒西歪。

（2）移栽深度2~3 cm，沙土地可稍深，黏土地可稍浅，能埋住小鳞茎即可，每亩定植2.5万株左右。另外，生育期短的品种适宜密植，生育期长的品种宜稀植；水肥条件好、土地肥沃地区的宜稀植，反之宜密植。

五、定植后管理

1.补苗封口

移苗后及时补苗，补苗不及时，影响生长整齐度及产量、质量。补苗后及时封移苗孔，防止温度、水分散失和杂草蔓延。在时间条件允许下，可边移边封口，效果更好。

2. 水肥管理

移栽后要及时浇水使其尽快发根，洋葱定植后20 d左右为缓苗期，此时浇水以少量多次为宜，保持土壤湿润即可。

（1）定植后15~20 d，追施缓苗肥，每亩地施加5~6 kg尿素（施肥后浇水）；定植30 d左右，追施发棵肥，每亩地施加5~6 kg尿素、5 kg硫酸钾；鳞茎开始膨大时，一定要追施催头肥，每亩地施加5~7 kg尿素、8 kg硫酸钾。

冬前定植的洋葱缓苗后就进入越冬期，为使幼苗安全越冬，在土壤封冻前浇越冬水。

（2）当平均气温回升到15~16℃时，在叶片旺盛生长初期，每亩施尿素或复合肥20 kg；进入发叶盛期，每亩施复合肥15 kg，并浇水，保持土壤湿润。鳞茎膨大前10 d一定要浇施1次水，然后进行中耕蹲苗。鳞茎膨大期，气温较高，植株生长量和蒸发量加大，要保证水分供应，保持地面湿润。鳞茎接近成熟时，减少浇水，采收前7~8 d停止浇水。

3. 中耕培土

在洋葱的幼苗期间，松土要勤快一些，一般进行4次左右，等洋葱茎叶生长期，适当地减少次数，一般两次即可。需注意，在松土培土的时候尽量浅耕，以免伤到洋葱地下鳞茎，影响洋葱的质量。

六、洋葱病虫害防治

洋葱病害有锈病、霜霉病、白腐病、疫病、灰霉病、黑斑病、软腐病等，洋葱虫害主要有根蛆、潜叶蝇及葱蓟马。

1. 锈病

用20%粉锈宁乳油1 000倍液喷雾，7~10 d防治1次，连续防治2~3次。

2. 霜霉病

用75%百菌清可湿性粉剂600倍液或64%杀毒矾可湿性粉剂500

倍液喷雾，7～10 d防治1次，连续防治2～3次。

3. 白腐病

用50%多菌灵可湿性粉剂500倍液喷雾，7 d防治1次，连续防治2～3次。

4. 疫病

用68%金雷多米尔1 000倍液喷雾，7～10 d防治1次，连续防治2～3次。

5. 灰霉病

用50%扑海因可湿性粉剂1 500倍液喷雾，10 d防治1次，连续防治2～3次。

6. 黑斑病

用75%百菌清可湿性粉剂600倍液喷雾，10 d防治1次，连续防治2～3次。

7. 软腐病

用新植霉素4 000～5 000倍液防治，7 d防治1次，连续防治1～2次。

8. 根蛆

提前预防用噻虫胺·氯氟氰菊酯颗粒剂每亩3～5 kg均匀撒施，发生后用水剂浇灌。可在发病初期用50%辛硫磷乳油每亩200～250 g，加水10倍，喷于25～30 kg细土上拌匀成毒土，须垄条施，随即浅锄。

9. 斑潜蝇

在其产卵盛期至幼虫孵化初期，可用2.5%溴氰菊酯或20%氰戊菊酯或其他菊酯类农药1 500～2 000倍液，连喷2～3次。

10. 葱蓟马

在其若虫发生高峰期喷洒10%的吡虫啉可湿性粉剂2 500倍液，每7～10 d喷1次，连喷2～3次即可。

七、采收

一般在5月底至6月上旬，当洋葱叶片由下而上逐渐变黄、假茎变软开始倒伏，鳞茎停止膨大、外皮革质时及时收获。洋葱采收后要在田间晾晒2～3 d，方法：将洋葱植株斜向排列，使后一排的茎叶正好覆盖在前一排的葱头上，避免葱头直接受到阳光暴晒；晾晒期间，每隔2～3 d翻动1次，一直晒至叶子发黄为止。

八、贮藏

洋葱贮藏时，一定要防止洋葱腐烂、抽芽，因为洋葱在存放前期容易腐烂，所以一定要保持干燥；存放后期容易发芽，可在采收前2～3周用新高脂膜800倍液喷洒洋葱植株，也可在存放前用新高脂膜溶液蘸根。

1. 挂存法

选择个体大、辛辣味浓、水分含量低、鳞茎颈部细小的洋葱，将茎叶编成辫子，辫子结合成束，悬挂在通风、阴凉、干燥的地方即可。

2. 堆藏法

选择地势高、排水良好的地方，用稻草或麦秸垫底，再垫上两层芦席，然后将洋葱头（去叶后）堆放在芦席上，四周也用芦席围起来，并用绳子扎紧，避免阳光直晒或雨水渗入。

3. 库藏法

有恒温库的，可将葱叶除后直接平铺在菜架上贮藏。

第十四章

大 蒜

大蒜（学名：*Allium sativum* L.），又叫蒜头、大蒜头、胡蒜等，原产西亚和中亚，是蒜类植物的统称。半年生草本植物，石蒜科葱属，有浓烈的蒜辣味，味辛辣，有刺激性气味，以鳞茎入药，营养价值高。新疆是大蒜资源比较丰富的区域，在南北疆浅山冷凉区都有种植，相对集中在吉木萨尔县、拜城县、乌什县、喀什市等地，这些地方也都有自己的地方特色品种。

第一节 品 种

大蒜品种从大类上区分，可分为白皮大蒜和紫皮大蒜，南疆栽培的大蒜品种既有新疆地方品种，也有山东、河南等地的品种，白皮大蒜和紫皮大蒜都有种植。先根据大蒜品种的生长特性以及当地环境选好适合的品种，根据品种特性，选头大、瓣大、瓣齐的蒜头作种，播种前掰瓣并剔除霉烂、虫蛀、破碎的蒜瓣，按大小分为3级，播种时先播一级种瓣（百瓣重500 g左右），再播二级种瓣（百瓣重400 g左右），三级种瓣（百瓣重小于300 g）一般不作种。不同级别种子要分别栽种、不要混栽。

鲁蒜三号

中熟大蒜，植株粗壮，生长势旺，薹粗，皮厚，不散瓣，蒜瓣肥大，抗寒性较强，优质高产，集蒜薹产量高、蒜头产量高为一体。该品种蒜薹长度为60 cm左右，粗0.8 cm左右，单薹重40~50 g，抽薹率可达100%；蒜头外皮较洁白，形状略呈扁球形，直径一般为6~9 cm，最大直径可达10 cm左右。在常规种植的情况下，蒜薹的亩产

量一般为500 kg左右，鲜蒜的亩产量一般为3 000 kg左右。

第二节　栽培技术

一、栽植季节

南疆栽培大蒜有春季栽培和秋季越冬栽培，以越冬栽培为主。春季栽培的一般大田土壤冻融以后即可开始，一般在3—4月种植，6—7月采收；越冬栽培的一般9月下旬到10月上中旬播种，翌年5—6月采收。

二、选地、整地、施肥

1.选地
选择土层深厚、疏松肥沃、偏酸性和排灌方便的沙壤土。
2.整地
大蒜前茬收获后立即清地，结合深翻亩施腐熟的有机肥5 000~6 000 kg，复合肥80~100 kg，并配施一些钙、镁、硫肥，深翻30 cm左右，再细耕将土块耙细、耙平，无明显的石块或土块。

作畦：可打长50 cm、宽4 m的畦，视实际情况而定。

三、播种

大蒜春播选择生长期短、质量优良的紫皮蒜。在适期内尽可

能提早，以延长生长期。大蒜耐寒，早播不会遭冻害。播种晚，易形成低产的独头蒜。所以应提早抓紧整地，顶凌播种。株行距为8 cm×15 cm。

大蒜秋播的最适时期是使植株在越冬前长到5~6片叶，此时植株抗寒力最强，在严寒冬季不致被冻死，并为植株顺利通过春化打下良好基础。播种过早，幼苗在越冬前生长过旺而消耗养分，降低越冬能力，引起二次生长，影响大蒜质量。播种过晚，则蒜苗小，组织柔嫩，根系弱，积累养分较少，抗寒力较低，越冬期间死亡多。所以大蒜必须严格掌握播种期。

种植大蒜时，首先用锄头按15~20 cm的行距将土壤挖成一条条10 cm深的浅沟，栽前先填土3~4 cm，然后把大蒜尖头朝上栽种在土壤中，种蒜高约3 cm，株距8~9 cm，最后搂平畦面，大蒜适宜浅栽，适宜深度为蒜瓣上覆土2 cm左右。

种植密度：一般亩栽3.5万~5万株。早熟品种适当密些，以亩栽5万株左右为好；中晚熟品种应适当稀些，以亩栽4万左右为好。

覆盖地膜：大蒜地膜覆盖能改善大蒜生长的微环境条件，促进大蒜的生长发育，从而达到早产、高产的目的，增产效果明显。一般先播种后盖膜。盖膜要严密，压紧，做到膜紧贴地面，无缝隙，膜无皱褶，有破损时及时用土堵上。

四、田间管理

1. 幼苗期管理

大蒜苗出齐后浇水1次，结合浇水，每亩施用5~8 kg高氮复合肥来促苗生长，对于肥力较高、底肥充足的田块可不施肥。然后控制水肥，中耕除草，松土保墒。为了保护幼苗越冬，适时适量地浇1次封冻水。待春季气温回升，大蒜心叶和根系开始生长时，浇返青水，结合浇水，亩施8~10 kg高氮复合肥来促进幼苗生长。

2. 花芽分化蒜薹伸长期管理

退母后植株开始独立生活，花芽、鳞芽开始分化，进入旺盛生长期。此期要肥大水勤，一般5～6 d浇水1次，每2次水追施1次肥，每亩可追施复合肥15～20 kg，共追肥2次。蒜薹采收前3～5 d停止浇水，使植株稍现枯萎，以使"口松"易采薹。

3. 鳞茎膨大盛期管理

采薹后立即浇水1次，并亩施高钾复合肥15～20 kg，以满足蒜头膨大对养分的需要。以后4～5 d浇1次水，收获前1周停止浇水，使蒜头组织老熟，提高其耐贮性。

五、大蒜病虫害防治

大蒜病害主要有叶枯病、根腐病、锈病。虫害主要有蓟马、蒜蛆、斑潜蝇等。

1. 叶枯病

氟啶胺+苯醚甲环唑（有效用量10 g+15 g/亩）兑水25 kg/亩，均匀喷雾防治，视病情间隔10～14 d喷1次。或咪鲜胺（有效用量15 g/亩）兑水25 kg/亩，均匀喷雾防治，视病情间隔10～14 d喷1次。

2. 根腐病

根腐病为土传病害，发病后用药效果差。采用种子处理防治，用嘧菌酯有效用量2.4 g/100 kg种子，每亩按以上制剂量兑水15 kg均匀拌种，进行种子处理防治。

3. 锈病

在春秋季，特别是在遇到连续阴雨2～3 d，就要及时检查锈病的发生情况，发病可用药30%苯甲醚·丙环乳油3 000倍液，或10%多抗霉素B可湿性粉剂1 000倍液，或20%丙环唑乳油2 000倍液喷雾。

4. 蓟马

选用氰戊菊酯、高效氯氰菊酯等喷雾。

5. 蒜蛆

在地蛆发生初期，可用5%氟啶脲乳油200～300 mL/亩，与细沙土30 kg搅拌均匀，顺垄均匀撒施于土表，然后顺垄浇水，并浇足水量，保证药剂渗入鳞茎部。

6. 斑潜蝇

可选择吡虫啉、虫螨腈或甲氰菊酯等，注意轮换交替使用。

六、采收

1. 蒜薹的采收

适时采收蒜薹不仅能提高蒜薹的产量和质量，而且对提高蒜头的产量有重要作用。当蒜薹生出叶鞘口8～15 cm，上部打弯"称钩"形且总苞变白时采收，质地柔嫩、产量高。收获时一般应选在晴天中午或午后较为理想，提薹时应注意保护蒜叶，防止叶片被拔起或折断，影响蒜头膨大生长。

2. 蒜头的采收

根据不同的用途，若收蒜头供腌渍用，可在收薹后15 d左右收获；若收干蒜头，则在收薹后20～25 d，植株叶片逐渐枯黄、假茎松软时收获。收获后，进行晾晒，晾晒时注意只晒秧，不晒头，防止蒜头灼伤或变绿，经常翻动，2～3 d后，待茎叶干燥，即可贮藏。

第三节　独头蒜栽培技术

一、蒜种的选择及处理

选用小蒜瓣作为蒜种，较小的蒜瓣营养物质含量少，花芽分化不良，易形成独头蒜。一般选用0.5～1.5 g的小瓣蒜，在播种前将种瓣放到2～5℃的低温冷库中处理50～60 d，处理后独头蒜率可达到50%。处理后的蒜种要放在阴凉通风处摊开散热，并且每天都要翻动。经低温处理过的蒜种，已免除休眠并萌发，应抓紧时间分级耕种，把经过低温处理的蒜种先进行分瓣、摘底盖等处理，然后按大、中、小分级待用。播前用凉水浸泡6~12 h，沥干水汽，用50%多菌灵粉剂拌种处理，然后即可耕种。

二、选地、整地

种植独头蒜时要选择疏松透气、排水性良好、营养丰富的土壤。栽种时选择地势开阔、通风向阳的田地，前茬作物收获后及早清洁田园，并对土壤进行深翻晾晒，消灭其中的细菌和杂草，每亩施腐熟优质有机肥2 000 kg、过磷酸钙50 kg、硫酸钾10 kg，以1~1.2 m开墒。

三、播种时间

生产独头蒜时可采用春季播种，独头蒜栽培要春季迟播，在清明后播种，此时蒜种小，产生独头蒜的比率较高。

春季播种独头蒜率高于秋季播种，但独头蒜产量低于秋季。秋播时要延迟播种的时间，一般比蒜头栽培推迟50 d左右播种，适宜播种期在11月中下旬。

四、耕种方法

1. 点播

按4 cm×5 cm的株行距，在畦面上用木桩点孔后放入大蒜，根部向下。点完后畦面上盖约1 cm厚的细土，栽8万~9万苗/亩。

2. 条播

做深4~6 cm、宽15 cm的耕种沟，然后按4 cm×7 cm株行距将耕种蒜瓣种于沟内，耕种深度应把握在4~6 cm，留意蒜瓣不能倒置，放入蒜种后覆土厚3 cm，栽6万~7万苗/亩。

3. 套种

独头蒜耕种后在其间套种成长期较短的小型叶菜，如菠菜、芫荽、樱桃萝卜等，能够起到恰当遮光、抢夺空间、抢夺营养的目的来抑制蒜苗的成长，减少分瓣蒜的出现。

五、水肥管理

独头蒜在不同生育时期需肥不同，前期侧重于氮肥，后期倾向于磷、钾肥，在施足底肥的基础上进行适期追肥。生长期间要防除杂草，一般20 d左右浇水1次，及时中耕、除草、追肥、灌水等。

提苗肥：独头蒜长出4~5片叶时，种瓣中的营养耗费殆尽，及时以1 500 kg/亩人粪尿稀释倾泻，或按5~10 kg/亩的尿素进行追肥并伴随洒水灌水。

膨大肥：独头蒜长出7~9片叶时，可按12~20 kg/亩硫酸钾追施，并加大灌水量以促进蒜头迅速膨大。

叶面肥：独头蒜培养应结合植株长势以0.2%的磷酸二氢钾、大蒜专用多元微肥、大蒜膨大素等进行叶面喷施，以提高独头蒜的产量和质量。

第十五章 豇 豆

豇豆［学名：*Vigna unguiculata*（L.）Walp.］俗称长豆角，为豆科豇豆属一年生草本植物，起源于热带非洲，我国南北各地均有栽培，是春夏秋季的主要蔬菜之一，对蔬菜的周年供应有着重要作用。豇豆性喜温暖，耐热性强，不耐低温，易受霜冻，在全国各地主要以春大棚及春、夏、秋季露地栽培为主。

第一节 品 种

豇豆的品种类型较多，各种品种在南疆都有栽培，如之豇-28、特早30、青豇80、三尺绿、赣豇1号等，品种比较繁杂，但是要根据栽培目的和市场需求选择合适的品种，将来要加工的就要选择适合加工的品种，鲜食的要选择市场需要的，如在新疆还是比较喜欢圆棒状、皮色白绿的品种，这和饮食习惯有关。

一、全能豆冠

植株蔓生，生长势中等，小叶绿色，主蔓结荚为主，主蔓第2、第3节以上开始连续着生花序，花淡紫色。荚长70~90 cm，荚厚0.8 cm，单荚重22.3 g。耐寒性强，亦耐热，较耐锈病和煤霉病。早熟，丰产，优质。春季

播种至始收42~46 d，采收日数30~35 d。适合春保护地、春露地和夏、秋种植。

二、长白豇豆

早熟，植株蔓生，生长势强，叶片中等，分枝能力强，一般3~4节结荚，双荚率高，荚色纯白光亮，长度65~80 cm，纤维少，口感软糯香甜，肉质肥厚。荚条光滑顺直，上下均匀，耐老化，耐贮运，商品性好，挂荚多，产量高。

第二节　栽培技术

一、栽植季节

豇豆在南疆可以春季栽培和复播栽培，但还是以春季栽培为主，温室和拱棚栽培也是以春季栽培为主，以鲜食的方式供应春夏季市场。春季露地栽培一般4月上旬到5月播种，6—7月采收；秋季复播栽培在冬小麦收获后抢时间播种，一般6月播种，8—9月采收。

二、选地、整地、施肥

1. 选地

选择地势较高、排水良好、中性或微酸性的土壤或沙质壤土的田地种植。

2. 整地

对前期作物的残茬进行有效清理，同时清除地表的杂草和杂物，将清除之后的杂草和前茬作物全部集中烧毁，降低豇豆种植过程中的染病概率。结合深耕亩施有机肥2 500~4 000 kg、过磷酸钙15～20 kg、草木灰100～150 kg，深度控制在30 cm为宜，深耕操作完成的3～4 d进行起垄，垄宽0.6～0.8 m，高20～25 cm，沟宽0.4 m。

三、播种

穴播：豇豆在10 cm地温应稳定在15℃以上时方可播种。垄上双行人工刨埯，埯距30～32 cm，播种前先在播种行间淋透水后再播种，每埯播种3～4粒种子，覆土3 cm。选择晴天进行，播后2～3 d内不要淋水，种子出苗时适量淋水，以调节田间小气候。

豇豆一般采用密植法，亩用种量4～5 kg，行距50～60 cm，株距30～32 cm，每亩2 500～3 000穴，双行植。早春低温时有条件的可采取大棚中小拱棚内育苗，播种后8～10 d后第一对真叶展开时要及时定植。亦可播种后用地膜覆盖畦面以增加地温。

四、定植后管理

1. 水分管理

豇豆在开花结荚前应控制浇水，当第一花序结荚，其后几节花序出现时，浇足头水，待中下部豆荚伸长，中上部花序出现后，再复2水；以后土壤稍干就应浇水，保持地面湿润。

开花结荚期：适当控制浇水，一般5～7 d浇1次水。坐荚后豆荚开始伸长，可再增加浇水量，每3～5 d浇1次，以保持田间土壤湿润。若遇连续阴雨天气，要及时清理畦沟，排出渍水，达到雨停田干。

2. 合理追肥

在施底肥的基础上，做到"早追肥、勤追肥、少吃多餐、前重后轻"。苗期每亩穴施复合肥30～40 kg，或尿素10 kg、生物肥料酵素菌粒状肥100 kg。豇豆伸蔓时插架，架要插牢固以防被风刮倒，影响豇豆生长。

开花结荚期追肥两次，每次每亩穴施尿素15～20 kg、微生物土壤接种剂10亿/g，30～40 g兑少量水浇根。采收后，酌情结合浇水追肥。

3.中耕除草

及时除净杂草，防止杂草与豇豆争水争肥，影响豇豆正常生长开花结荚。同时因杂草丛生，又会给虫害提供场所和病害传播源，严重威胁着豇豆生产，因此必须进行中耕除草。

一般要求在苗期除草2～3次，搭架后拔草1～2次，达到田园清洁，减少病虫为害概率。第一次中耕要浅、轻、匀；第二次中耕略深，穴间、行间要深锄；第三次中耕要顺行培垄，形成半高垄，有利搞好田间管理。

4.插架引蔓

当植株长到17～33 cm，即将抽蔓时，要及时插架。一般用竹竿插成"人"字形，架高2.2～2.3 m，每穴插1根，并向内稍倾斜，每两根相交，上部交叉处放竹竿作横梁，呈"人"字形，于晴天中午或下午引蔓上架。

5.合理整枝

蔓生豇豆的主蔓长可达2～3 m，合理整枝可协调营养生长与生殖生长，促其多坐果。

（1）除底芽。将主蔓第一花序以下的侧芽全部抹除。

（2）侧枝及时早摘心。生长中后期主蔓中上部长出的侧枝应及早摘心，若水肥条件充足，植株生长健旺，则对这些侧枝不要摘心过重，可酌情利用侧枝结果。

（3）打顶尖。主蔓长到2～3 m时要打顶摘心，以控制其生长，促使侧枝花芽形成，以免养分消耗，同时可方便采收。

五、豇豆病虫害防治

豇豆的病害主要有煤霉病和锈病。虫害主要有豇豆荚螟和蚜虫。

1. 煤霉病和锈病

发病初期，及时摘除病叶，减轻病害蔓延，同时尽早喷药。主要药剂有50%多菌灵500倍液，75%百菌清600倍液，7～10 d喷1次，连喷2～3次。

2. 豇豆荚螟

进入开花期后的7—9时花瓣张开时，对准花朵，及时喷施以下药剂：10%溴虫腈悬浮剂2 000倍液，或20%氰戊菊酯乳油3 000～3 500倍液，或10%氯氰菊酯乳油3 500～4 000倍液，或2.5%溴氰菊酯乳油3 500～4 500倍液，隔5 d左右喷1次，连喷2～3次，同时捡净田间的落花；或在19时以后对准植株喷药。

3. 蚜虫

可喷施1.8%阿维菌素乳油4 000～5 000倍液或10%吡虫啉可湿性粉剂1 000倍液，7 d左右喷1次，连喷2～3次。

六、采收

春播豇豆在开花后8～10 d即可采收嫩荚，夏播的开花后6～8 d采收。当荚条粗细均匀，荚面豆粒未鼓起，达商品荚标准时，为采收适期。采收时仔细，注意不要损伤花序上的其他花蕾，要保护好花序上部的花，不能连花柄一起采下。一般情况下每3～5 d采收1次，盛荚期每天采收1次，后期可隔1 d采收1次。采摘最好在下午进行，采收后按一定的规格扎好，装箱上市。

第十六章　胡萝卜

胡萝卜（学名：*Daucus carota* var. *sativa* Hoffm.），又称红萝卜或甘荀，是伞形科胡萝卜属二年生草本植物。以肉质根作蔬菜食用。栽培历史在2 000年以上，原产亚洲西南部，阿富汗为最早演化中心，13世纪从伊朗引入中国，发展成中国生态型，于16世纪从我国传入日本。胡萝卜半耐寒，喜冷凉气候，为长日照植物。肉质根在18～20℃时发育良好，营养丰富，多在夏秋播种，冬春两季上市。

第一节　品　种

选择质量好、产量高、耐储存的品种。胡萝卜品种按照颜色大致可分为红胡萝卜、黄胡萝卜和橙黄色胡萝卜，在南疆都有栽培，但要根据市场需求选择品种，南疆本地黄胡萝卜的消费量比较大，主要品种是齐头黄、改良齐头黄等，供应外地的以红胡萝卜为主，品种有日本黑田五寸、改良黑田五寸等。

一、大一丰收9号

早熟新黑田类型胡萝卜品种，早期高产，播种后80～100 d可收获，根形整齐，三红率高，收尾好，商品性佳，根长22～24 cm，根重260～280 g，适合晚春及秋季露地。

二、齐头黄胡萝卜

叶簇直立，长势较强，肉质根圆锥形，上下粗细基本相同，根长20 cm左右，横径6 cm左右，表皮、根肉、芯部均呈橘黄色，肉质细嫩，口感脆甜，品质佳，单根重250～350 g，出苗后100 d左右采收，抗逆性强。

三、广良103F1胡萝卜

杂交一代春秋胡萝卜，播种后100 d左右可采收，耐寒耐抽薹，根长20 cm左右，根型漂亮，深红色，收尾好，成品率高；产量丰高，科学合理的栽培条件下亩产量可达5 500 kg；抗病能力较强，抽薹稍晚，专供基地生产用种。应根据当地土壤、气候条件和种植习惯选择最佳播期。

四、黑田五寸

中晚熟，播种后90～110 d采收，抗热，耐旱，肉质根长圆锥形，长16～20 cm，直径4 cm，表皮及肉质橘红色，肉质细嫩，质密，脆甜，水分中等，光滑，单根重160 g。生长速度快，着色膨大快，成品率高，产量高，抗病性强，耐贮藏。

第二节　栽培技术

一、栽植季节

胡萝卜在春季2—3月或秋季7—8月播种均合适，这两个时间段的气候利于生长和管理。一般早春可扣拱棚2—3月播种，5—7月收获；秋季7—8月播种，11—12月收获，多采用秋播露地栽培。春季栽培要选择耐抽薹的春季专用胡萝卜品种，否则容易出现先期抽薹。胡萝卜的适应能力强，但是栽培时最好选用松软、透气、肥沃且土层深厚的土壤或沙壤土。

二、选地、整地、施肥

1. 选地

选择土层深厚、腐殖质含量丰富、土质疏松且排水性良好的沙壤土。

2. 整地

前茬收获后，及时清洁田园，深耕土地（30 cm左右），随后耙平整细。播前亩施充分腐熟的有机肥3 000～5 000 kg，氮磷钾三元复合肥30 kg、硼肥0.2 kg，有机肥、化肥要撒细、撒匀，避免畸形根出现。整地后可平畦种植或起垄种植。平畦种植在整地之后，将畦面耙平，然后开沟2～3 cm，在沟内撒种覆土。起垄种植，垄高在15～20 cm，垄宽60 cm，然后在垄上开沟种两行，沟深2 cm，在沟内撒种，然后覆土。

三、播种

因胡萝卜种子果皮厚，吸水性差，为了提高发芽率，播种前对胡萝卜种子进行处理。选择发芽率高的胡萝卜种子，先搓掉种子上的刺毛，用45～50℃的水浸种2～3 h，捞出后放在湿布中，然后在20℃的环境下进行催芽，保持种子湿润，一般间隔12 h用温水冲洗1次，2～3 d等70%以上的种子露白时即可播种。胡萝卜播种时，要保持土壤湿润，有利于出苗，播种后覆土1 cm左右不宜过厚，防止种子破土难，出苗慢。或者用播种机或将种子编织到种子带中机械播种，省时省力。

四、田间管理

1. 间苗

胡萝卜种植要早间苗，齐苗后要进行2次间苗。第一次间苗在长出2片真叶时进行，苗距在4~5 cm；5~6片真叶时定苗，即第二次间苗，中小型品种5~6 cm，大型品种苗距10~12 cm。间苗时，将弱苗、病苗，过密苗拔掉。

2. 水肥管理

胡萝卜施肥以底肥为主。第一次追肥在定苗之后，每亩用尿素5 kg；第二次追肥在25 d之后，每亩用复合肥10~15 kg。在肉质根生长中后期，根据生长情况进行追肥。

五、胡萝卜病虫害防治

胡萝卜的病虫害主要有黑腐病、软腐病、菌核病和根结线虫病。

1. 黑腐病

用75%的百菌清可湿性粉剂600倍液，或50%多菌灵800倍液，或50%扑海因可湿性粉剂1 500倍液进行喷雾防治，每隔7~10 d喷洒1次，交替用药。

2. 软腐病

发病初期可用敌克松原粉500~1 000倍液喷雾防治，每隔10 d喷1次，连续喷2~3次，注意均匀用药。

3. 菌核病

可用80%代森锌600~800倍液，或25%多菌灵可湿性粉剂300~400倍液喷雾，喷雾的重点为植株基部。

4. 根结线虫病

使用20%噻唑膦500~750 g/亩，或5%阿维菌素300~800倍液（视根结线虫严重程度而定），或41.7%氟吡菌酰胺悬浮剂3 500倍液灌根处理。

六、采收

胡萝卜肉质根充分膨大后即可收获。种植3个月左右，当肉质根附近的土壤出现裂纹，心叶呈黄绿色，外围的叶子开始枯黄时，说明肉质根充分膨大了。采收前浇透水，等土壤变软时将胡萝卜拔出或用工具挖出。

第十七章 西瓜、甜瓜

甜瓜（学名：*Cucumis melo* L.），一年生蔓性植物。果实香甜，富含糖、淀粉，还有少量蛋白质，矿物质及其他维生素。以鲜食为主，也可制作果干，果脯、果汁、果酱及腌渍品等。甜瓜一般分为薄皮甜瓜和厚皮甜瓜两种类型，耐贮藏、耐运输。

西瓜［学名：*Citrullus lanatus*（Thunb.）Matsum. et Nakai］，一年生蔓生藤本，有"盛夏之王"之美誉。果实大型，近于球形或椭圆形，肉质，多汁，果皮光滑。西瓜喜温暖、干燥的气候，不耐寒，现广泛栽培于世界。

第一节 甜瓜品种

一、比西克75

中熟品种，全生育期75 d左右，长势中等，果实高圆形，果实金黄，上覆盖有墨绿色条带，网纹稀少，肉质中等，含糖量11%，单瓜重3.5 kg左右，最大可达5 kg。

二、羊太郎

薄皮甜瓜品种，植株长势中等，全生育期92 d左右，果实发育期平均30 d左右。子孙蔓均可坐瓜，果实圆筒形。果皮灰绿色，果

面光滑，果肉绿色，肉质脆、清香，果肉中心折光糖含量13.2%左右。单果重400 g左右。

三、花蜜910

薄皮甜瓜品种，植株长势中等，全生育期92 d左右，果实发育期平均32 d左右。子孙蔓均可坐瓜，果实棒形。果皮底色绿色，有纵向深绿色条斑，果面光滑。果肉浅橙色，肉质脆、清香，果肉中心折光糖含量13.6%左右。单果重480 g左右。

第二节　甜瓜栽培技术

一、栽植季节

甜瓜在春秋两季进行种植最为适宜，要保证其周围的环境温度稳定在15℃以上。大棚种植时，1月上中旬播种；小拱棚种植时，2月中下旬播种。

二、选地、整地、施肥

选地：土地应选择疏松肥沃、排水良好、偏酸性土壤。

整地：将土地深翻施入基肥，每亩施厩肥4 000～5 000 kg、饼肥150 kg、腐熟鸡粪1 500 kg、氮磷钾复合肥50～60 kg。播前适时耙平，土壤整细、平、松、软，做到地块平整、疏松、无根茬，墒情好，南北向作1.3 m宽的平畦。

三、播种和育苗

1. 种子处理

用55℃温水浸种20 min，然后捞出洗净种子表面黏膜，用湿布包好，放到25～35℃的地方催芽，翻动3～4次，10～12 h即可出芽，芽长1～2 mm时播种。一般苗龄在30 d左右。

2. 床土制备

营养土选肥沃的5年内未种植瓜类作物的大田土与腐熟厩肥混合配制而成。配方为：腐熟马粪1份，腐熟猪、鸡粪1份，肥沃大田土1份。将营养土配好后，床土拌匀，采用福尔马林消毒，每立方米约需1瓶（500 mL），将药配成50～100倍液，边倒堆，边喷药，然后翻拌均匀，用薄膜盖好闷上1周，使用前扒开营养土堆，晾1周，再装钵备用。

3. 播种育苗

将营养钵在育苗床中放平，浇透水，将催出芽的种子每钵点1～2粒，盖土1 cm厚。然后用地膜盖严，床温白天保持28～35℃，夜间18～20℃，当50%瓜苗出土后即放风降温，白天20～25℃，夜间15～18℃，以防小苗徒长。定植前7～8 d要炼苗，以提高其耐寒力。

四、定植

选取壮苗：选取苗龄30～35 d、苗不高于8 cm、下胚轴粗壮、子叶节位离地面最好不超过3 cm、子叶完整、真叶叶片厚、无病斑虫害、发育良好的幼苗。

定植：幼苗在定植前1周开始炼苗，炼苗期间不再浇水，以促进根系下扎，及时缓苗。在10 cm土温稳定在15℃以上，气温不低于13℃时定植。定植选晴天上午进行，定植时要浇足底水，秧苗不宜栽植过深，应以露出子叶为度。在平畦中间按45～50 cm株距刨坑，浇水后放入秧苗，待水渗完及时封坑扣膜。露地栽培一般每亩

600～800株，立架栽培一般每亩1 200～1 500株，行距70～80 cm，株距40～45 cm。

五、定植后管理

1. 水肥管理

除结合整地施足基肥外，可于缓苗后、果实膨大初期、网纹形成期，结合浇水每亩冲施腐熟粪稀500 kg（或腐熟鸡粪200 kg）+硫酸钾10 kg。果实膨大期，需在操作行内追肥，每行撒施腐熟粪干30 kg，或腐熟圈肥40～50 kg。追肥要在晴天上午进行，做到撒肥、翻掘、浇水同步进行，大棚栽培的要开启通风口，及时排除操作中挥发的氨气，防其为害瓜秧。此外，还应结合防病喷药进行叶面喷肥。

2. 温度

一般要求白天室温25～30℃，夜间15～18℃，昼夜温差控制在10～13℃，地温保持15～22℃，有利于提高品质。控温措施是通过适时通风来调节，苗小小通风，苗大大通风，晴天中午多通风。春季定植后，闭棚保温，尽快提高地温，促进植株体的形成。秋冬季应注意御寒，正常情况下，9时左右开始放风，16时30分关闭；寒潮来临时，应加幕保温，必要时应采取加温措施。正式加温后，根据温度情况，抢时间通风。地温过高时，通过增加浇水次数降温；过低时，减少浇水或浇温水提高地温。

3. 湿度

温室维持空气相对湿度50%～70%，以减少病害的发生。可通过采取减少浇水次数、提高室温、延长放风时间等综合措施来减少温室内空气湿度。

4. 光照

甜瓜对光照有较高的要求，温室透光率要求60%以下。苗期或生长后期高温强光时可启用遮阳网，或增加植株密度；秋冬季弱光条件下可通过淘汰老、弱、病株，及时整枝摘叶等手段改善整体光照。

5. 整枝

甜瓜的整枝应根据品种特点、栽培方法、土壤肥力、留瓜多少而定。多采取单蔓整枝和双蔓整枝。采用单蔓整枝法时，当株高30 cm时开始吊蔓，主茎12节以下侧蔓全部整除，12节以上留3～5蔓，各条坐果侧蔓留1～2片叶摘心，株高1.8～2.0 m时（叶片数达28～30片）打顶。及时摘叶、疏叶，有助于通风透光，促进养分向上运输；对于老、弱、病株能保则留，不留的要提前摘心、拉秧，危险病株要及时清除并消毒处理。宜选在晴天进行，以利伤口愈合，减少病虫害的发生。第10节雌花开放起于上午进行人工授粉。授粉坐果后，每株留3～5果；瓜径2～3 cm时，选留12～13节果形端正、花脐小、果柄长、无伤对称、椭圆形的一个瓜，多余瓜及侧枝全部除掉，并用软细绳或网袋直接吊瓜柄于水平位置。

采用双蔓整枝时，母蔓4～5片真叶时摘心，促发子蔓，从中选择长势好、部位适宜的两条子蔓留下让其生长，抹去子蔓基部1～6节位上生出的孙蔓（侧芽），选择子蔓第7～11节位的孙蔓坐瓜，有雌花的孙蔓留1～2片叶摘心，无雌花的孙蔓也在萌芽时抹去，每条子蔓生长到20片叶时打顶，最后每株留两个瓜。

六、病虫害防治

甜瓜病虫害按"预防为主，综合防治"的方针，遵循防重于治的原则，生产上采用农业防治、生物防治和物理防治为主，化学防治为辅的防治措施。优先选用抗病品种，不在病棚内育苗，避免使用未腐熟好的肥料。定植前对土壤和棚室内外进行彻底消毒，及时清理残枝落叶和杂草，采用防虫网隔离，加强栽培管理，培育壮苗，不断增强植株的抵抗能力。

甜瓜的主要病害有霜霉病、枯萎病和白粉病；主要虫害有瓜蚜、红蜘蛛等。

　　霜霉病：发病初期喷洒70%乙磷·锰锌可湿性粉剂500倍液，或18%甲霜胺·锰锌可湿性粉剂600倍液，每7~10 d 1次，连续用药3~4次。

　　枯萎病：可选用50%多菌灵可湿性粉剂、70%甲基硫菌灵可湿性粉剂，每株灌250~500 mL，每隔5~7 d灌1次，连续2~3次。

　　白粉病：喷施3%多抗霉素可湿性粉剂500~600倍液，或者枯草芽孢杆菌（1 000亿个/g）可湿性粉剂1 000~1 500倍液进行防治，每隔4~5 d防治1次，连续用药2~3次。

　　白粉虱、蚜虫、红蜘蛛、茶黄螨：用1.8%阿维菌素2 000倍液喷雾防治。

七、采收

　　甜瓜采收适期为糖分达到最高点但果肉尚未变软时。不同品种应根据其表现出的特征特性，并按实际成熟度来决定，一般蘸花或授粉后45 d左右成熟。可结合坐果节叶片叶色变化，叶片变黄、枯焦等程度、市场远近等决定。

第三节　西瓜品种

一、沃农9088

　　属中熟品种，全生育期80~90 d，植株生长旺盛，坐果率高，果实椭圆形，果皮鲜绿，覆有多条墨绿色规则细齿状条带，瓤色鲜红，瓤质细、脆而爽口，味甜多汁，中心糖12%，单瓜重7~14 kg，皮质硬，耐贮运。

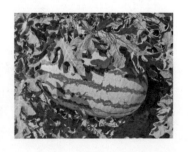

二、鼎盛五号

中熟品种，全生育期100 d左右，坐瓜至成熟35 d左右，椭圆形，底色艳绿，覆墨绿色宽条纹，单瓜重8～10 kg，果肉大红色，含糖量12%～13%。肉质酥沙，汁液多，口感好。抗病性强。

第四节　西瓜栽培技术

一、栽植季节

依据品种特性、市场需求和设施的保温和采光性能以及栽培技术的熟练程度适时播种。遵循"提前播种，培育3～4叶大苗，提前定植"的原则，秋冬茬栽培应在当年8月下旬到9月上旬进行育苗。冬春茬栽培应在1月中旬到2月中旬进行育苗。秋冬茬栽培为防止苗期发生病虫害，可采用遮阳网覆盖的小拱棚进行育苗，也可采取嫁接换根技术育苗，可有效防止枯萎病发生。

二、选地、整地、施肥

1. 选地

对土壤和作物茬口要求较为严格，应选择高燥、排水良好，土质疏松，3年内未种过瓜类且地势平整的沙壤土或轻壤土地块。前茬以小麦、玉米、豆类、油料茬口为最佳，切记重茬或迎茬，3～5年进行轮作倒茬。

2. 整地

结合深翻每亩基施优质腐熟农家肥2 500 kg，开沟起垄时基施磷酸二铵20 kg、尿素20 kg、硫酸钾10 kg，耙糖镇压好准备起垄。

采用高垄栽培，沟宽60 cm，垄面宽80 cm，垄高20 cm，行向为南北方向。

三、播种和育苗

直播：提前一天将瓜田浇透水，用打孔器打孔种植，深度1～2 cm，先浇水后播种，每穴点籽2～3粒，种子放平，盖沙。播完后加盖小拱棚升温促出苗。

育苗：采用育苗种植时，播种前先用50℃温水浸种，不断搅拌至水温降到20～30℃后，再浸10～12 h，然后用湿布包好种子，放在28～30℃处催芽，每天用20～30℃温水淘洗1次，经2～3 d微露幼根时即可播种。

四、定植

移栽定植时选取播后30 d左右，长出3～4片叶，即所谓的3叶1心或4叶1心的幼苗定植。定植前5～7 d开始炼苗，停止浇水、施肥。加大通风量，逐渐使瓜苗适应自然环境，提高成活率。西瓜的株行距按品种、留瓜位置和整枝方式不同而异。一般来说，早熟品种，亩植600～800株；中熟品种，亩植500～600株；晚熟品种，亩植400～500株。

五、定植后管理

1. 水肥管理

追肥原则是慎施提苗肥，巧施伸蔓肥，重施膨瓜肥。在定植时水浇足的情况下，前期浇水要慎重，无旱情一般不浇水，一旦浇后应及时中耕松土，发心叶后要蹲苗6～7 d，促进根系发育。当幼果长至鸡蛋大小时，结合浇水每亩灌施复合肥8～10 kg，磷酸二氢钾20 kg；果实膨大期，还可补浇膨瓜水，中后期浇水应与追肥相结合，可叶面喷施0.5%的磷酸二氢钾2～3次，以提高西瓜糖度。

2. 中耕除草、培土

中耕除草培土应在西瓜蔓长40~50 cm时进行，如果蔓过长时中耕，不但操作不便，且容易损伤蔓叶致病侵入。

3. 整枝引蔓

一般采用三蔓整枝，即1条主蔓2条侧蔓，其余全部打掉，并及时理顺子蔓，使各蔓在畦面保持一定距离平行生长。等坐果后，放任子蔓孙蔓生长，促进果实膨大。并利用子蔓、孙蔓上的雌花坐果，形成第2批瓜。第3、第4批瓜则在第2批瓜收获后及时整枝疏叶，去除病残侧枝和病叶，在主蔓和子蔓长出的新子蔓、孙蔓上坐瓜。搭架栽培的把其中1主1侧蔓采用"U"形绑蔓法引蔓上架，做到随长随绑，间隔4~5节绑一道，待2条蔓坐瓜后打顶，以利通风透光，促进瓜果生长；另1条侧蔓则以爬地式留在畦面上，促进地下部分生长。

4. 人工授粉

授粉时间在7—10时进行，气温低、阴雨天开花慢，可延迟到11—12时。气温维持在25℃以上，采用人工采摘雄花授粉，一朵雄花只授粉3朵雌花。低温天气，采用药剂授粉，在雌花开放2 d内用坐瓜灵10 mg，兑水0.8 kg，喷雌花的子房，每授粉1朵雌花，用纸牌作标记，以根据瓜的授粉日期推算最佳采摘时间。

5. 留瓜

西瓜长至鸡蛋大小时，实行疏果，选留个大、果形端正、柄直而粗、有茸毛的幼瓜，每蔓每次只选留1个瓜。

西瓜的坐瓜节位与果实大小有很大关系，去掉低节位瓜，一般留15节以外的西瓜，即第3个或第4个瓜。果实选留后，幼瓜果皮绿色，能进行光合作用，不必盖果，当果实快成熟时，果皮叶绿素逐渐分解，这时烈日直射易引起日灼病，应在果实上盖草、盖叶，即"小时晒、熟时盖"。待瓜长至1~1.5 kg时，每隔5~6 d，将瓜轻轻转动1次，让瓜阴面见光，转动瓜的工作要在下午进行，共转动

2~3次，可使瓜面受光均匀、色泽一致。

六、病虫害防治

西瓜病虫害遵循预防为主、综合防治、防重于治的原则进行。以农业防治为基础，综合运用物理防治和科学合理的化学防治的措施。选用抗病品种、健株种子，进行种子消毒、采用无病培养土、床土消毒、分区轮作，加强田间管理，清洁田园，减少病虫源，施用腐熟农家肥、调节土壤酸碱度起到杀菌作用、布置防虫网、反光膜、灯光诱杀等。

西瓜的病虫害主要有霜霉病、白粉病、蔓枯病、蚜虫、小菜蛾等。

1. 霜霉病

可用75%百菌清800倍液、40%乙磷铝250~300倍液或70%甲霜灵锰锌，隔7~10 d喷1次。

2. 白粉病

50%多菌灵可湿性粉剂800倍液，或75%百菌清可湿性粉剂600~800倍液，或70%甲基硫菌灵可湿性粉剂1 000倍液，或20%抗霉菌素200倍液。每7 d喷药1次，连续防治2~3次。

3. 蔓枯病

选用75%百菌清可湿性粉剂600倍液喷雾，或65%代森猛锌可湿性粉剂500倍液喷雾，或50%甲基硫菌灵可湿性粉剂500倍液喷雾，严重时采用50%多菌灵可湿性粉剂500倍液灌根1~2次。

4. 飞虱、蚜虫

5%蚍虫林2 000倍液、20%速灭杀丁乳油2 000倍液。

七、采收

西瓜品质与果实的成熟度关系很大，成熟适度的瓜能充分表现其品种的优良性状，不仅味甜，而且瓤色好。西瓜从开花到果实成熟35~40 d，采收的适宜成熟度，要根据市场的远近来决定。

第十八章

芹 菜

芹菜（学名：*Apium graveolens* L.）为伞形科二年生或多年生草本植物。原产于地中海沿岸及瑞典等地的沼泽地带。在我国已有2 000多年栽培历史，分布很广。具有独特的芳香风味，主要食用部位为叶柄，叶片也可以食用。富含维生素、膳食纤维、矿物质等营养物质，以及芹菜素、芹菜甲素等生物活性物质。有促进食欲、调和肠胃的功能，健脑、通便、降血压、降血脂等功能。芹菜为半耐寒蔬菜，喜凉爽、湿润的环境条件。种子发芽适温为15～20℃，叶片生长期适温15～20℃，高温和强光照下种子发芽困难，芹菜品质下降。芹菜相对耐低温，经过锻炼的幼苗能忍耐-5～-4℃的低温，成株可耐-7～-6℃低温。幼苗3～4片真叶时，经15～30 d 4～10℃的低温即可通过春化阶段，因此春播过早易出现先期抽薹问题。芹菜根系浅而发达，主根群在7～10 cm土层中。

第一节 品 种

芹菜分本芹和西芹。本芹也称中国芹，叶柄细长，纤维较多，香辛味重，但单株较轻。西芹也称西洋芹、欧洲芹，叶柄宽而肥，纤维少，味淡。根据叶柄的充实度可以将芹菜分为实心芹菜与空心芹菜，实心芹菜叶柄的髓部小，空心芹菜叶柄的髓部大。

一、马家沟芹菜

山东省青岛市优良地方品种。叶柄嫩黄、空心、植株高大、鲜嫩酥脆、味道鲜美、营养丰富，粗纤维含量低，蛋白质、氨基酸、钾等微量元素的含量高。单株重150 g左右。株距10 cm，行距15～20 cm，亩产达到6 000 kg左右。

二、金口芹菜

山东省青岛市优良地方品种。叶柄翠绿、实心、汁多、质地脆嫩、烹饪不变形、耐贮运等优点。株高50～80 cm，亩产5 000 kg左右。

三、津奇1号

天津市园艺工程研究所选育的一代杂交种，属于西芹类型。株高约80 cm，叶柄长42 cm以上，宽2.1 cm，厚1.6 cm，叶片较大。叶柄浓绿色，实心，肥厚脆嫩。植株生长势强。单株重600 g以上，净菜率高，商品性良好。苗期生长快，对叶斑病有较强抗性。

四、文图拉

美国进口，叶片肥大，叶柄黄绿，叶柄抱合紧凑，纤维少，株高80 cm左右，单株平均重1 kg左右，是鲜食及加工的优良品种。春秋种植，定植后75 d收获。

五、日本皇家西芹

新选育的超级西芹品种，早熟，定植后70～75 d收获，耐低温，抗病性强，色泽淡黄，有光泽，不空心，纤维少，商品性好，高产，株型紧凑，株高80～90 cm，单株重1～1.5 kg，适合保护地及露地栽培。

六、津南实芹1号

叶柄浅绿色，叶片较大，油绿实心，生长快，适应性强，比较耐寒，分支少，抽薹晚，定植后80 d左右收获。纤维少，口感好。株高90 cm左右，单株重1~1.5 kg，产量高，亩产7 500 kg以上。适合露地、保护地四季栽培。

第二节　栽培技术

一、栽培季节

按生产季节分：露地栽培分为春芹菜、秋芹菜；设施栽培有塑料大棚早春栽培、秋延后栽培以及日光温室秋冬茬栽培较为普遍。其中以秋芹菜产量高品质好，供应冬季蔬菜淡季市场。

露地春茬2月播种育苗，4月定植，6月收获；秋茬7月上旬播种育苗，8月定植，10—11月采收。大棚早春茬12月播种育苗，2月上中旬定植，4—5月采收；秋延后栽培，7月中下旬播种育苗，9月中下旬定植，11月下旬至12月下旬采收。温室秋冬茬7月底至8月初播种育苗，9月下旬至10月中旬定植，12月上旬至翌年3月上旬收获。一般本芹茎细叶多、味浓，不耐贮藏，多以绿叶菜方式春季栽培供应春夏市场，西芹茎粗叶少、耐贮运，多以秋冬栽培供应冬季市场。由于饮食习惯，新疆更喜欢植株较小、茎叶细嫩的本芹，俗称"毛芹菜"，也属本芹类型。

二、选地、整地、施基肥

1.选地

芹菜适于保肥力强、富含有机质、通气性好的壤土或黏壤土，沙土地容易造成实心芹菜出现叶柄空心，影响品质，对硼和钙等元素比较敏感，土壤pH值以6.5~7.4为宜，耐适度盐碱。芹菜忌连作，前茬作物不能是茴香、芫荽等浅根性伞形科作物，一般要实行2~3年的轮作倒茬。

2. 整地、施基肥

前茬作物收获后，尽早清茬，深耕翻土地，春季栽培的冬前进行深耕翻晒地。一般亩施腐熟的优质农家肥5 000 kg、过磷酸钙30～50 kg、复合肥20～30 kg，对于缺硼土壤每亩可施入1～2 kg硼砂。西洋芹比本芹产量高，适当增加底肥量。施肥后深耕15～20 cm，平整做成1 m宽的平畦，长度根据地块而定。

三、播种和育苗

由于其种子小、出苗慢、苗期长，多采用育苗移栽。

1. 苗床设置

选择土壤肥沃、排水和浇水方便的地块，前茬作物收获后及时清除杂草，结合耕翻，每亩苗床施腐熟的有机肥2 000 kg、过磷酸钙15～20 kg作基肥，整平耙细，做成宽1～1.2 m的平畦。

2. 种子处理和催芽

芹菜的种子实际上是果实，为双悬果，成熟时从中缝裂开成两半，千粒重0.4～0.5 g，休眠期4～6个月，种子发芽喜光。种皮较硬，不易透水。可以将种子先用48℃的温水浸泡20 min，再用清水浸泡24 h，揉搓种子，并换水2次，直至水清时为止。用500～800 mg/kg赤霉素浸种12 h。将浸泡好的种子沥干水分，用湿布包裹，置于15～20℃凉爽环境下催芽，每天打开见光冲洗，一般3～4 d就开始出芽，本芹经6～7 d、西芹经7～8 d，有2/3以上种子露白时即可播种。

3. 播种

本芹一般每亩苗床撒种子0.75～1.5 kg，可定植6～10亩大田；西洋芹播种要稀，一般每亩苗床撒种子500 g，可定植5亩左右大田。播种前先将苗床浇足水，待水渗下后，在畦面上撒一层过筛的细土，再在细土上撒种子。经催芽后的种子互相黏结，为了把种子撒播均匀，可将种子掺入一些过筛的半湿沙子，再分两次均匀地撒在畦面上，撒完种子后再撒盖0.5 cm厚的过筛细土。出苗前可用无纺布等覆盖畦面。

芹菜还可以采用穴盘育苗等先进的育苗方法，提高幼苗质量及移栽后的成活率。

4.苗期管理

秋季栽培的芹菜，育苗时正值高温季节，阳光剧烈，不利于幼苗生长，应利用拱架搭遮阳网降温。低温季节育苗可在塑料大棚内育苗，苗床内的适宜温度为15～20℃。出苗后要及时撤去畦面覆盖物，高温季节要及时浇水降低土壤温度。

苗期要保持床土湿润，小水勤浇。当幼苗2～3片真叶时，结合浇水每亩追施尿素5～10 kg，后期视幼苗生长情况可以再追施1次速效性肥料，或0.2%尿素溶液叶面追肥。

幼苗第1、第3片真叶展开时进行间苗，苗距3 cm×3 cm，去掉病苗弱苗，拔除杂草。一般苗龄50～60 d，夏季育苗40～50 d，具有4～5片真叶时定植；西芹苗龄略长，60～70 d，具有8～9片真叶时定植。在定植前7～10 d，逐渐撤棚顶的遮阳网，以进行幼苗锻炼，提高抗热性；低温季节育苗定植前要进行低温炼苗，提高抗寒性。

四、定植

定植前1～2 d应将苗床浇1次水，以利于起苗。起苗时尽可能不损伤幼苗的叶片，尽量少伤根，带土移栽，提高移栽成活率。深度以埋住短缩茎，露出菜心为宜。每栽完1畦都应及时浇定植水，以利于成活。本芹行距15～20 cm株距10 cm，每亩4.4万～6.0万株。西洋芹的成株个体较大，栽植密度比本芹稀得多，行距为20～30 cm，株距17～25 cm，每亩0.8万～2.7万株。

五、定植后的管理

田间管理可以分为3个阶段：缓苗阶段、蹲苗阶段、营养生长旺盛阶段。

1. 缓苗阶段

秋季温度高，定植后的2周内，要勤浇水，2～3 d浇1次，保持土表湿润，并降低地温。

2. 蹲苗阶段

定植后15 d中耕1次，深度2～3 cm，15 d后浇水并追提苗肥，之后控制浇水，浅中耕除草，加强叶片的分化数量，蹲苗时间8～10 d。

3. 营养生长旺盛阶段

日均温在13～20℃时，植株生长速度加快。蹲苗结束后，结合浇水进行第一次追肥，每亩追施尿素10 kg、硫酸钾10 kg，施于行间，施肥后及时浇水。在第一次追肥15 d以后，植株高达35～40 cm时进行第二次追肥，肥量同上。秋季在定植后45～55 d，气候已转凉，非常适合芹菜生长，进行第三次追肥，每亩施复合肥20 kg，或尿素和硫酸钾各10～15 kg。要加大浇水量，满足需水高峰期的水分要求。叶面喷施0.1%～0.3%硼砂水溶液可在一定程度上避免茎裂发生。

大棚秋延后和日光温室越冬芹菜缓苗期的适宜温度为18～22℃，生长期的适宜温度为12～18℃，生长后期温度保持在5℃以上亦可。芹菜对土壤湿度和空气相对湿度要求高，但浇水后要及时放风排湿。

六、病虫害防治

1. 生理病害

叶柄空心：土壤瘠薄，基肥不足或后期追肥不足；遇到高温干旱，土壤水分供应不均匀，抑制根部对各种元素的吸收输送，薄壁细胞组织破裂而空心；收获过迟，根系吸收能力降低，营养不良，细胞破裂，组织疏松，叶柄老化而中空；低温受冻等。

对策：选用高质量的实心优良品种种子，选择富含有机质、保水保肥力强并且排灌条件好的沙壤土，土壤酸碱度以中性或微酸性为好，忌黏土和沙性土壤种植，底肥施足。调节好适宜温度。防止冻害和早期抽薹。加强水肥管理，及时防治病虫害，及时收获。

叶柄开裂：缺硼，在低温、干旱条件下，生长受阻所致。另外，突发性高温、高湿，植株吸水过多，组织快速充水，也会造成开裂。

对策：施足充分腐熟的有机肥，适当施入硼砂，与有机肥充分混匀；芹菜生长期叶面喷施0.1%～0.3%硼砂水溶液，管理中注意均匀浇水。

2. 斑枯病

用5%百菌清粉尘剂，每亩用药1 kg，每7 d喷1次；用50%多菌灵或50%速克灵可湿性粉剂500倍液喷雾。棚室栽培的可以用45%百菌清烟剂或扑海因烟剂，每亩110 g分散5～6处点燃，熏蒸一夜，每8～10 d 1次。

3. 早疫病

又称斑点病。发病初期用10%苯醚甲环唑水分散粒剂1 000～1 500倍液+70%代森联干悬浮剂800倍液或50%甲基硫菌灵可湿性粉剂500倍液喷雾叶面，6～7 d 1次，连喷2～3次。烟剂熏棚同斑枯病。

4. 软腐病

发现病株及时挖除并撒入石灰消毒，减少或暂停浇水。发病初期开始喷洒新植霉素3 000～4 000倍液，隔7～10 d 1次，连续2～3次。

5. 蚜虫

大田栽培挂银灰色地膜条避蚜虫。棚室栽培的通风口处用尼龙网纱防虫，芹菜上方悬挂黄色粘虫板等。药物防治可用10%吡虫啉可湿性粉剂1 500倍液，6～7 d喷1次，连续2～3次。

七、采收

本芹叶柄高50~60 cm时开始擗叶收获，也可以一次收获。西芹植株高度达70 cm左右，单株重1 kg以上时一次性收获。采收时，用锋利的刀平地面将根茎交接处切断，削去根须。

八、假植贮藏

秋季露地栽培的芹菜，11月上旬，气温不断下降，且有轻霜冻出现，芹菜的品质变佳，原来稍淡的苦味消失，但不要冻伤叶柄。芹菜收获，就地进行半地下窖贮，温度控制在-1~3℃，经20~30 d后，叶片中的营养大部分回流到叶柄和根茎中，芹菜内部营养物质进一步转化，其中可溶性糖、芹菜油、甘露醇含量进一步升高，纤维少，口感更好。

第十九章

韭　菜

韭菜（学名：*Allium tuberosum* Rottl.ex Spr.）为百合科多年生宿根草本植物，原产我国，我国各地均可栽培，在北方各地分布更为普遍。韭菜主要以假茎和嫩叶为产品，韭菜薹、韭菜花、根茎也可以食用。韭菜营养丰富，气味芳香，富含维生素A、维生素C和其他矿物质，还含量丰富挥发性硫化物，具有杀菌保健作用。抗旱、喜冷凉、耐寒，适应性强，叶片能忍受-5～-4℃的低温，气温超过25℃，生长缓慢，品质变劣，-6℃叶片枯萎。地下根茎能忍受-40～-30℃低温。韭菜具有较强的耐弱光性，光饱和点为4 000 lx，光补偿点为1 220 lx。韭菜属于长日照植物，通过春化的植株在长日照条件下通过光照阶段抽薹开花结实。韭菜为弦线状肉质须根，根系分布浅，吸收能力较弱，根系寿命较短，随着植株新的分蘖不断形成而发生新根，老根随之干枯死亡，生长期间新老根系的更替现象称为"换根"。韭菜一个栽培周期短则4～5年，长则10余年。

第一节　品　种

我国韭菜品种资源极为丰富，韭菜品种繁多。分为叶用韭菜、薹用韭菜、根韭，以叶用韭菜栽培最为广泛。主要品种有内蒙古马蔺韭、大白根、钩头韭、汉中冬韭、791、寿光独根红、平韭四号、雪韭八号等。

一、马蔺韭

内蒙古地方品种。叶片绿色，宽0.38 cm，叶鞘绿，纤维少，味浓、质佳。分蘖力弱，花茎少，抽薹晚，在北京不易留种。

二、汉中冬韭

陕西汉中地方品种。苗高30 cm，叶数多，生长壮，叶片肥厚，宽0.5 cm，绿色，纤维少，品质嫩。分蘖力强，耐寒力也强，地上部在-10℃时也不致遭受冻害，冬季地上部枯萎晚，春季萌发早，为初冬、早春供应的重要品种。

三、791

株高50 cm，叶丛直立，生长势强，叶宽1.2~1.3 cm。分株力强，水肥充足、适当稀植，一年生植株分株6个，三年生植株分株近50个，产量高。冬季回根早，春季发棵早，耐寒、耐热，抗湿性较好。

四、平韭四号

株高50 cm，株棵直立，长势旺盛，叶片绿色，宽大肥厚，叶宽1 cm左右，每株叶片6个20 g，最大单株重35 g以上，粗纤维少，辛香鲜嫩，该品种耐寒性特强，在791的基础上，提纯杂交，适应保护地、露地种植，年亩收割青韭菜10 000 kg以上。

五、雪韭八号

株高65 cm以上，早发长茎直立，叶片浓绿色上举，叶片肥厚，平均叶宽1.5 cm，单株重20 g以上，纤维少，辛香味浓，品质优且商品性状特佳。分蘖力极强，生长势强而整齐，年亩产鲜韭可达10 000 kg以上。冬季无明显休眠性，特抗寒、抗病、抗倒伏、耐热、耐寒，是适合日光温室、塑料大棚、小拱棚等各种保护地种植的新品种，也适宜全国各地种植。

第二节　栽培技术

一、栽培季节

韭菜为多年生蔬菜，一次种植可以收获多年。我国北方春、夏、秋三季可露地生产青韭，晚秋、早春和冬季可利用保护设施生产青韭或韭黄，做到均衡上市、周年供应。

定植时期应根据播种时期和秧苗大小而定，并错开高温高湿季节。春分至清明播种的，夏至后定植；谷雨至立夏播种的，大暑前后定植。

二、选地、整地、施基肥

1. 选地

韭菜前茬可选择非葱蒜类蔬菜或多年生蔬菜，后茬亦可种植非葱蒜类蔬菜和作物。对土壤的适应性较强，耐肥力强，对盐碱土壤有较强的适应能力，但因根系较浅，吸收能力较弱，最好选择土层深厚、富含有机质、保水保肥能力强的肥沃的壤土和沙壤土为宜。韭菜成株能在含盐0.25%的土壤上正常生长。

2. 整地、施肥

韭菜生长周期长，一次栽植后，多年不再翻耕。因此，定植前要施足基肥，每亩施腐熟的农家有机肥5 000 kg、三元复合肥40～50 kg，并进行深耕翻。为防治韭蛆，可用5%辛硫磷颗粒剂每亩2 kg，加干细土10～15 kg，均匀撒施，浅耕后细耙，整平作畦，畦宽1.5 m左右；沟栽的按沟距30～40 cm开沟备用。

三、直播与育苗

1. 直播

播期确定的原则是尽量将发芽期和幼苗期安排在15～20℃的

适宜条件下。一般在3月下旬至4月中旬，当10 cm地温稳定在10℃时即可播种。早春气温低，韭菜出苗慢，一般采用干籽条播种植。按18~20 cm行距开2~3 cm深的浅沟，播前浇小水，水渗后干籽条播，每亩用种量1.5~2 kg，覆土厚1~1.5 cm的细潮土。为防止杂草，每亩可以用33%二甲戊灵100 g，兑水50 kg地面喷洒。为了更好地出苗，播种之后也可以覆盖地膜保温保湿，出苗后及时揭去地膜，以防烤苗。

2. 育苗

（1）育苗床准备。地块土壤要求与大田相同，由于苗期对养分需求相对较少，可适当减少基肥的施用。播种前每亩施5%辛硫磷颗粒剂2 kg，均匀撒施，浅耕细耙、整平，做成1.5 m宽的平畦。

（2）播种。播种日期同直播时间，一般应在3—4月播种育苗，6—7月移栽。采用干籽播种，播前苗床浇透水，水渗后，将种子均匀撒播于苗床，每亩用种量为8~10 kg，覆土厚1~1.5 cm，可移栽10亩大田。覆盖地膜保温保湿，出苗后及时撤去地膜。有条件的可以加盖小拱棚，中午温度过高时拱棚两端适当通风，待韭菜苗长到2 cm左右时去拱棚。

（3）苗期管理。韭菜从播种到定植需80~120 d。苗期管理的原则是前期促、后期控，主要措施有中耕除草、施肥灌水和防虫等。韭菜千粒重4~6 g，表面皱缩并角质化，水分不易渗入，发芽缓慢，一般播种后需10 d左右才能出苗。苗出齐后，浇1次水，之后根据土壤墒情勤浇、轻浇水，保持畦面湿润，以促进幼苗生长；幼苗4~5片叶，高15 cm左右时，进行控水蹲苗7 d，控叶发根，防止秧苗徒长；在苗高10 cm时追每亩追施尿素6~8 kg，苗期注意及时拔除苗床杂草，防治病虫害。壮苗标准为株高18~20 cm，具有5~6片叶，须根白色密集。

四、定植

定植密度应根据栽培方式和品种的分蘖能力来确定，分蘖力强的品种要稀植，分蘖力强的品种要适当密植。畦栽行距15~20 cm、穴距10~15 cm，每穴6~8株，不宜培土软化。沟栽行距30~40 cm、穴距15~20 cm，每穴20~30株。由于韭菜具有"跳根"的特性，每年跳根高度为1.5~2.0 cm，应适当深栽，定植深度以叶片和叶鞘连接处不埋入土中为宜。定植时保留2 cm左右须根，10 cm长的叶片，其余剪掉，有利于缓苗。定植当天必须浇定植水，7 d后再浇1次水。

五、定植后的管理

1. 定植当年的管理

定植当年着重养根壮棵，一般不收割，以利越冬，为生长发育和高产稳产奠定基础。

（1）水肥管理。定植时浇足定植水，雨季排水防涝，防止烂根死秧。立秋后，天气转凉，适宜韭菜生长，一般每隔7 d左右浇水1次，并结合追肥2~3次，每次每亩追施尿素10~15 kg。寒露以后，生长速度减慢，叶片中的养分逐渐向小鳞茎、根茎和根系中回流，应控制浇水，防止植株贪青，霜降后停止追肥浇水。入冬以后因低温而被迫进入休眠，为确保韭菜地下根茎免受冻害和翌年春季返青生长，在土壤夜冻日融时，适时浇足冻水。

（2）中耕除草。韭菜田易发生草荒，尤其在高温雨季。中耕深度2~4 cm，雨季连续中耕2~3次。结合中耕，及时清除田间杂草。

2. 翌年及以后的管理

韭菜定植后翌年开始收割，应以培根壮棵为中心，合理解决收割与养根的关系。

（1）春季管理。返青前清除地上部枯叶杂草，使植株基部充分接受阳光，提高地温，促进萌芽。韭菜发芽时，及时浇返青水，并追施尿素每亩15~20 kg。早春气温低，浇水时间和浇水量应控制。浇水后应深锄保墒，提高土壤通透性和地温。待韭菜长到

10～15 cm时，每亩施复合肥40 kg。韭菜耐肥性强，每次收割10 d之后，伤口愈合，新叶长出3～4 cm时进行追肥浇水。追肥应以速效氮肥为主，配合磷钾肥，浇水后及时中耕，促进韭菜快速生长。沟栽韭菜还要结合中耕及时培土等。

（2）夏季管理。韭菜不耐高温强光，夏季长势减弱，呈现"歇伏"现象，叶部组织老化，品质显著降低，6月以后一般停止收割，以养根壮棵为中心。控制追肥，减少浇水，及时除草，防止倒伏烂秧，雨后排水防涝。

（3）秋季管理。秋季天气凉爽，光照充足，昼夜温差大，迎来第二个旺盛生长期，也是积累营养的重要时期，应加强水肥管理和病虫害防治。从处暑至秋分，根据植株长势收割1～2次，每次收割后每亩随灌水追肥尿素10 kg。停止收割后，促使叶部营养向根茎转移，为翌年返青生长奠定物质基础。霜降后停止追肥浇水，控制土壤含水量在70%～80%。

（4）冬季管理。土壤封冻前及时灌冻水，可适当地面覆盖，保护根茎越冬。为了避免韭菜的鳞茎和根系因"跳根"而露出地面，平畦栽培的，11月初浇冻水前每亩撒施复合肥50 kg和充分腐熟的有机肥3 000 kg左右，促使韭菜生长旺盛，进而达到养根壮苗、催肥鳞茎的目的。

3. 收获

适时收割是韭菜优质、高产和高效益的关键。收割过早，不仅影响当茬产量，也减少体内营养积累，导致下茬减产。适宜的收割标准：株高30～35 cm，单株5～6叶，每茬生长期在25 d以上，回秧（地上部枯萎）前40 d停止收割。春韭从返青到第一刀约需40 d，第二刀需25～30 d，第三刀需20～25 d。每年收割次数应根据植株长势、土壤肥力和市场需要而定。露地栽培在春季收割3～4次，秋季收割1次或不收割。收割时留茬高度要适当，一般以在根茎离地4 cm左右收割，刀口处呈黄色为宜。收割时间以晴天早晨最好，避免中午或阴天收割。

六、设施韭菜栽培

通常是在当地日平均温度低于10℃的季节，利用大棚、日光温室等设施进行韭菜栽培。可分为秋冬、冬春和早春生产，分别在元旦前、元旦至春节期间和3—4月供应。

1.品种选择

选择总体要求是分蘖力强、耐寒、休眠期短、优质、高产的韭菜品种。冬春和早春生产是在韭菜休眠后进行，适宜的品种有汉中冬韭、马蔺韭、791、平韭四号、雪韭八号、寿光独根红等。秋冬连续生产是在秋末韭菜尚在旺盛生长时，收割后覆盖棚膜，应选择耐寒性强、不休眠或休眠期极短的品种，791、平韭四号、雪韭八号等。

2.温室冬春青韭栽培

韭菜回根休眠解除后，温室覆盖薄膜，促使萌发生长的生产方式，常称为温室扣韭或温室盖韭，多采用日光温室或大拱棚生产。

（1）根株培养及扣膜前的管理。韭菜设施栽培广泛采用育苗移栽。于10 cm土层温度稳定在10~15℃时播种，黄淮地区适宜播期在3月下旬至4月下旬，露地育苗。定植时期一般在7月中下旬，尽量避开高温雨季。定植后至扣膜前的管理与露地韭菜相同，养根不收割。

（2）扣膜后的管理。韭菜回根后应立即扣膜覆盖，对于无休眠品种可在韭菜生长旺盛时保护覆盖。在扣棚初期，注意加强通风换气，保温被早揭晚盖，白天保持18~28℃，夜间8~12℃。每次收割后，设施内温度可以提高到25~30℃，促快发苗，超过30℃及时通风降温，防止叶尖干枯。当韭叶出土后则严格控制温度，白天温度为17~24℃、夜温以不低于10℃；收割前3~5 d，适当降温2~3℃。冬季和早春以保温为主，晴天中午温度比较高时也可适当通排湿，以减轻灰霉病的发生。3月上中旬外界气温升高，逐渐加大放风量并撤除保温被。进入4月中旬，第三刀收割后撤除薄膜，变为露地栽培。

及时中耕培土，扣膜后浅中耕2～3次，疏松土壤，提高地温，促进萌芽生长。沟栽韭菜在长到10 cm时第一次培土，株高20 cm时第二次培土，以软化叶鞘，防止倒伏。第二、第三刀韭菜生长加快，培土次数、间隔天数减少。平畦韭菜不培土。

严冬和早春控制浇水和追肥，主要依靠根系和鳞茎中贮存的营养和扣膜前所浇冻水和追肥生长，前两刀不再浇水和追肥。第二刀收割后，根据植株生长情况进行追肥、浇水，并及时中耕和放风，降低湿度。

撤膜后的管理与露地韭菜相似，在早春收割后进入养根期，加强田间管理，于4—6月期间结合灌水追施化肥2～3次，每次每亩施尿素20 kg，培养健壮根株，直到初冬前不再收割。

（3）收获。在扣膜后45～60 d可收割第一刀，约30 d收割第二刀，第三刀生长期20～25 d。一般在温室中可收割3茬，后变为露地韭菜，还可收割1～2次。如果收割间隔期太短，韭菜长势近渐衰退，导致减产甚至枯死。

七、病虫害防治

韭菜的虫害主要是韭蛆，病害有灰霉病和疫病。病虫害的防治按照"预防为主，综合防治"的方针，进行无害化防治。

1.韭蛆

韭蛆是迟眼蚊的幼虫，聚集于地下部的鳞茎和柔嫩的基部，初孵幼虫先为害韭菜的叶鞘基部和鳞茎的上端，春、秋两季主要为害韭菜的幼茎，引起根基腐烂，使韭叶枯黄而死。夏季高温时韭蛆向下移动侵入鳞茎为害。

（1）农业防治。施腐熟的有机肥料；剔根晾晒，降低温度，可阻止幼虫孵化和成虫羽化。

防虫网隔离迟眼蕈蚊：用40～60目防虫网将通风口覆盖，或棚室全覆盖，空间隔离防治迟眼蕈蚊、潜叶蝇等成虫迁入。悬挂粘虫板诱杀成虫。在距离地面40～60 cm处，每20 m²悬挂1块20 cm×30 cm黄色或黑色粘虫板诱杀成虫，兼防潜叶蝇等。

日晒高温覆膜法：6月至9月中旬，选择太阳光线强烈的天气，用0.1～0.12 mm蓝色无滴膜覆盖在收割后的韭菜地面上，膜四周压盖严实，使膜内土壤5～10 cm土层温度保持在40℃以上，并持续4 h以上，即可彻底杀死5～10 cm表层土壤韭蛆的卵、幼虫和成虫。

糖醋液诱杀成虫：按糖∶醋∶酒∶水为3∶3∶1∶10配成溶液，每亩放置4～5个碗，碗内放半碗糖醋液，并随时添加。

（2）化学防治。可在成虫羽化盛期及时喷50%辛硫磷1 000倍液，或2.5%溴氰菊酯3 000倍液。发现叶尖开始变黄变软并逐渐向地面倒伏，应及时灌药防治，用50%辛硫磷2 000倍液或1.8%阿维菌素乳油3 000倍液、1.1%苦参碱粉剂2～4 kg，加水1 000～2 000 kg在浇水后灌根。

2. 灰霉病

棚室栽培注意通风减低湿度，减轻病害的发生。发病初期可用40%嘧霉胺悬浮剂750～1 000倍液、50%扑海因可湿性粉剂1 000～1 200倍液叶面喷雾，5～7 d 1次，替换用药2～3次。棚室栽培还可以可采用烟熏法、粉尘法等方法进行防治，用45%百菌清或扑海因烟剂，傍晚点燃熏1夜。

3. 疫病

发病初期，可用50%烯酰吗啉可湿性粉剂800倍液或80%代森猛锌可湿性粉剂1 200倍液，喷洒叶面，5～7 d 1次，交替用药2～3次。

第二十章 草莓

第一节 品 种

一、红颜

由日本静冈县久枥木草莓繁育场以幸香为父本、章姬为母本杂交选育而成的大果型草莓新品种，在国内又被称为99草莓、红颊等。生长势强，植株较高（25 cm），叶片大而厚，叶柄浅绿色。该品种可以抽发4次花序，休眠浅，连续结果性强，平均单株产量在300 g以上，最大单果可达100多克，一般在20～60 g。亩产在2 000 kg左右。果实圆锥形，果皮红色，富有光泽，果肉橙红色，紧实多汁，韧性强，香味浓，糖度高。果实硬度大，耐贮运。鲜食加工兼用，适合大棚设施种植。对炭疽病、灰霉病较敏感。

二、章姬

由日本静冈县农民培育，用久能早生与女峰杂交育成，植株长势强，繁殖能力中等，一级序果平均单果重40 g，最大单果重130 g左右，亩产2 000 kg以

上。果实长圆锥形、鲜红色，果个大，畸形少，可溶性固形物含量10%～15%，糖度高，酸度低，味浓甜、口感好，果色艳丽，柔软多汁，章姬草莓的缺点是果实较软，不耐运输，适合在都市郊区鲜食采摘种植。休眠期短，适宜礼品草莓和近距离运输的温室栽培。中抗炭疽病和白粉病，丰产性好。

三、妙香

果实长圆锥形，平均单果重35.9 g，大果85 g，没有小果。产量较红颜高产，果味浓，酸度少，甜度高，硬度好，较耐贮运，适合批发及采摘。在云南、广西、广东、福建露天种植反应很好，不断果，连续结果率高。保护地促

成栽培一般9月上旬定植，12月下旬开始成熟，翌年1月中旬进入盛果期。妙香七号是近两三年来备受推崇的优秀品种，产量高，抗病性好，口感极佳。

四、蒙特瑞

蒙特瑞草莓是一种来自加利福尼亚州的日中性品种，果实圆锥形，鲜红色，果实个头大，平均果重在33 g，大果重60 g，果实品质优，风味甜，可溶性固形物含量10%以上。它的果实并不是特别的甜，而是有一种酸酸甜甜的独特味道。植株长势强，较直立，叶片绿，植株分枝较多，连续结果能力强，丰产性好，产量高，亩产为6 000 kg以

上。它具有较高的抗病能力，但是对白粉病的抵抗力并不是很高。它对生长环境的要求并不是很高，能够忍受夏季略高的温度条件。

蒙特瑞植株生长健壮，适宜密植，一年可连续成花，多次结果。单株年累计产量可达800 g，高产时达1 kg以上，按每亩定植9 000～11 000株计算，露地栽培9月底，翌年3月中旬萌芽，3月下旬开花，也就是说从3月下旬开始，陆续开花结果，一直延续。10月下旬随气温下降开始扣棚，结合保护地栽培，可实现四季开花结果。

第二节　大棚草莓基本种植技术

一、土壤消毒、增施有机肥

在7—8月，选太阳光照强的时间，利用太阳能进行土壤消毒，尤其是重茬地，必须进行土壤杀菌消毒。每亩施腐熟农家肥2 000 kg，并施用颗粒状噁霉灵等土壤杀菌剂，翻耕后用薄膜密封7～10 d，杀病原菌。揭膜后再加施饼肥100 kg、过磷酸钙30～40 kg和45%氮磷钾复合肥30 kg。基肥用量占总施肥量的70%。

二、整地作畦

土壤经消毒后进行翻耕、耙平、作垄，一般垄高30 cm，垄面宽45～50 cm，垄底宽55～60 cm，沟底宽30 cm。

三、定植

定植时间在9月上中旬。每畦定植2行，"三角形"种植，行距25～30 cm，株距20 cm左右。根据品种生长势确定密度，一般每亩定植6 500～8 000株。定植时要摘除老叶、病叶及匍匐茎，留3叶1心，定植时要求弓背朝向畦外（沟）。对于不带土的裸根苗，定植前可用25%阿米西达（嘧菌酯）1 600倍液浸泡15 min，可有效清除病菌。定植深度适宜，做到深不埋心，浅不露根。

四、定植后管理

定植后灌足定植水，此后每天浇小水1次，防止干旱，直至苗成活（7~10 d即可判定）。缓苗后进入花芽分化期，应加强水肥管理，控水控氮，防止苗徒长。每亩追施氮磷钾复合肥10~15 kg（第一次在苗成活松土后，第二次在覆膜前），以促进花芽分化。另外，要继续做好中耕除草、防治病虫等工作。

1. 进行棚膜、地膜覆盖

当外界夜间气温降至8℃左右时开始保温，10月中上旬至11月上旬为大棚草莓促成栽培保温适期（扣棚适期）。保温过早，室内温度高，不利于腋花芽分化；过迟，植株休眠，造成植株矮化，不利正常结果。

大棚膜以EVA膜和多功能无滴膜为宜。大棚夜间气温低于5℃时，实行多层覆盖保温。大棚膜覆盖后，一般在苗期追肥完成后（10月中下旬）进行地膜覆盖，先在畦面铺设微滴管或软管再覆地膜，地膜以0.03~0.05 mm黑色不透明聚乙烯膜为宜。

2. 棚室内管理

（1）温湿度管理。保温初期，一般白天温度控制在28~30℃；夜间温度控制在12~15℃，最低不能低于8℃；室内湿度控制在85%~90%。开花期，一般白天控制在22~25℃，最高不能超过28℃，温度过高或过低都不利于授粉受精；夜温以10℃左右为宜，最低不能低于8℃，夜温超过13℃，腋花芽退化，雌雄蕊发育受阻；室内湿度保持在50%~60%为宜，湿度过大过小都会造成授粉不良，因此即使在寒冷的冬天，白天也要利用中午气温高时，揭膜通风换气，以降低棚内湿度。

（2）水肥管理。大棚草莓扣棚保温后，正值花芽发育期，随后很快现蕾、开花、结果。顶花序采收后，腋花序又抽生并开花结果，植株负担重，如不及时施肥，容易表现早衰。

进入结果期后，每月进行4次追肥，分别于开花前、果实膨大期、侧花序发生期、侧花序结果期追施,每次每亩施45%氮磷钾复合肥5～7.5 kg;坐果后每7 d追施1次膨果专用肥,每次1 kg。

棚室内湿度很大,容易给人一种不缺水的假象。一般在保温前和盖地膜前各浇水1次,以后结合追肥或在清晨若新叶边缘不吐水时适当补水。大棚草莓尤其适宜采用滴灌。果实发育期要特别注意保持土壤湿润。

(3)喷施赤霉素。大棚开始保温后,展开2片新叶、现蕾30%时进行第一次赤霉素处理,以促进花柄伸长,有利于授粉受精。用5～8 mg/kg赤霉素,喷洒在苗心上。7 d后看花序伸长情况再处理1次。喷施赤霉素技术要求较高,一旦使用不当会造成较大影响,初次种植者一定要在有经验技术员指导下进行,没有把握时宁可不用。

(4)植株整理。生长期每株草莓叶片保持8～10片,一般除主芽外,再保留1～2个侧芽,发生的过多侧芽要及早掰掉。病虫叶、老叶和匍匐茎要及时剥去,确保养分集中供应果实。

幼果期进行适当疏果,疏除每一花序的第四果序以上的幼果,主要疏病果、小果以及畸形果。最终第一花序留果12～15个,第二花序留果8～10个,每株留果20～25个。

(5)放蜂授粉。11月下旬进入花期,每标准棚内(30 m×6 m)释放蜜蜂1箱,提高草莓花的授粉率,减少畸形果的产生。人工授粉常用的方法是用软毛笔在开放的花中心轻轻涂抹,或在开花盛期,用细毛掸在花序上面轻拂。

(6)施二氧化碳肥。有条件的可进行二氧化碳施肥,用二氧化碳颗粒剂于11月中旬穴施入草莓植株旁。每亩施50 kg,可起到明显的增强植株抗性、提高产量的效果。

五、采收期管理

1.温湿度管理

果实膨大和成熟期,白天温度控制在20～25℃,夜间在5℃以上；湿度可控制在60%～70%。温度过高，果实发育快，成熟早，但果实变小，商品价值降低。

2. 及时采收

促成栽培一般12月中旬果实成熟，要及时采收上市，同时要加强植株管理，防止植株早衰。在前期果实采收之后，应及时摘除果柄及老叶等，以提高后期果实产量和品质。

3. 植株管理

将枯黄叶、病虫叶、衰老叶剪掉。为预防病害流行，可喷25%使百克1 000倍液或5%多抗灵400倍液防治。

第三节 常见病虫害防治方法

一、常见病害类

（一）草莓青枯病

1. 典型症状

主要为害颈部，多在定植初期发生，发生初期下部叶1～2片凋萎。叶柄下垂，似烫伤状，烈日下更为严重，夜间可恢复。数天后整株枯死，根系表面无明显症状，但将根冠纵切，可见根冠中央有明显变褐。

2. 防治措施

（1）农业防治。育苗前整平土地高畦栽培。在浇水或大雨后及时排出积水。经常清除老叶，病叶和杂草。保护地栽培的应适当控制浇水量，经常通风换气，连阴天也应适当短时间通气调解。发现病株及时清除。烧掉或深埋清除病株周围的土壤。

（2）药剂防治。育苗前用20%土菌净500倍液或99.3%高锰酸钾1 000倍液喷洒地面。发病初期开始喷药或灌根。常用药剂有72%农用硫酸链霉素可溶性粉剂400倍液或50%琥胶肥酸铜可湿性粉剂500倍液。

（3）特效药配方。细菌立健+枯克+康尔根，对青枯病效果独特。

（二）草莓根腐病

1. 草莓根腐病病原分类

（1）草莓黑根腐症状。病株易早衰，矮小，株势弱，坐果率低；被侵染的根部由外到内颜色逐渐变为暗褐色，不定根数量明显减少。该病又俗称"死秧"。

（2）草莓红中柱根腐病症状。典型症状植株易早衰，茎变为褐色；植株下部老叶变成黄色或红色，新叶有的具蓝绿色金属光泽；匍匐茎减少，病株枯萎迅速。发病初期不定根中间部位表皮坏死，严重时木质部坏死；后期老根鼠尾状，切开病根或剥下根外表皮可看到中柱呈暗红色。

2. 发生规律

草莓根腐病的发生与土壤环境变化有着密切的关系，一般正茬地发病较轻，或不发病；重茬地发病严重，随着重茬次数的增加，发病率也逐渐增高，果实产量随之下降。草莓根腐病植株根系比健康植株根系短小，颜色灰暗，地下部不定根大量死亡，新生根受到病原菌的侵害，生长稀疏。一般发病高峰期为每年11月至翌年2月。

3. 防治方法

（1）物理方法。

①选用抗病品种，品种要定期更新，不从疫区引种选苗，目前

对于草莓根腐病具有较好抗性的品种有红颜、宝交早生、丰香、因都卡、新明星等。

②合理轮作，清洁果园，及时清除田间前茬病株和病残体。

③科学施肥，土壤肥料是草莓正常生长、优质高产之根本，因此肥料应掌握"多施有机肥、适量施氮肥、增施磷钾肥、搞好叶面肥"促使草莓健壮生长，从而激发草莓自身抗根腐病能力。

④高垄地膜栽培，覆盖地膜，合理施肥，生长期淋喷海精灵生物刺激剂以壮大根系，提升抗病能力。

⑤土壤消毒与土壤良好环境（物理、化学、生物三方面）的构建，如种植前、采收后应要做好土壤处理，高温闷棚或药剂清杀，之后再结合底肥每亩施含有效活菌数≥200亿/g的复合菌剂500 g，以改善土壤理化性质、壮大有益菌群，减少根腐病的发生。

（2）化学防治。

①育苗前用50%多菌灵500倍喷洒地面，用腐霉利、多菌灵、锰锌乙铝等+海精灵生物刺激剂根施型蘸根。

②发病初期开始灌根。移栽后用噁霉灵或者活土君枯草芽孢杆菌灌根。

③发现病株及时挖除，周围健株浇灌甲霜灵锰锌、霜脲锰锌等保护。

（三）草莓炭疽病

1. 病害症状

草莓炭疽病是草莓苗期的主要病害之一，主要发生在育苗期（匍匐茎抽生期）和定植初期，结果期很少发生。尤其是育苗季，一旦发生炭疽病，整块苗田的

苗子很可能全部染病。主要为害匍匐茎、叶柄、叶片、托叶、花瓣、花萼和果实，造成局部病斑和全株萎蔫枯死。

地上部位均可发病，病株受害大体可分为局部病斑和全株萎蔫两类症状，叶片、叶柄和浆果上也常见。茎叶上初为红褐色后变黑色溃疡状，稍凹陷。病斑以上部位枯死。匍匐茎、叶柄、花茎发病症状都表现为近黑色的纺锤形或椭圆形病斑、稍凹陷，溃疡状，湿度高时病部可见肉红色黏质孢子堆。匍匐茎和叶柄上的病斑扩展成为环形圈时，病斑以上部分萎蔫枯死。

短缩茎发病时先嫩叶失去生机下垂，逐渐枯死，随着病情加重，则全株枯死。无病新叶不出现矮化、黄化、畸变症状，但是枯死病株根冠部横切面观察，可见自外向内发生褐变，而维管束未变色。

2. 发生特点

病菌侵染最适气温为28～32℃，相对湿度在90%以上，是典型的高温高湿型病菌。特别是连续阴雨或阵雨2～5 d或台风过后的草莓连作田、老残叶多、氮肥过量、植株幼嫩及通风透光差的苗地发病严重，可在短时期内造成毁灭性的损失。近几年来，该病的发生有上升趋势，尤其是在草莓连作地，给培育壮苗带来了严重障碍。

3. 防治方法

（1）物理防治。

①选用抗病品种。

②育苗地要严格进行土壤消毒，避免苗圃地多年连作，尽可能实施轮作制。

③控制苗地繁育密度，氮肥不宜过量，增施有机肥和磷钾肥，培育健壮植株，提高植株抗病力。

④及时摘除病叶、病茎、枯叶及老叶以及带病残株，并集中烧毁，减少传播。

⑤对易感病品种可采用搭棚避雨育苗，或夏季高温季节育苗地遮盖遮阳网，减轻此病的发生为害。

（2）药剂防治。

预防药剂：代森联、咪鲜胺、辛菌胺、代森锰锌、二氰蒽醌。

治疗药剂：戊唑醇、苯醚甲环唑、唑醚·代森联、嘧菌酯、溴菌腈、康普森斑立健。

可用60%百泰可分散性粒剂1 500倍液喷药，25%凯润乳油2 000倍兼治叶斑病50%翠贝干悬剂3 000倍或50%凯泽可分散粒剂。

（3）特效药配方。斑立健+咪鲜胺或者斑立健+苯醚甲环唑，对炭疽病效果独特，在草莓育苗时使用效果较为明显。

（四）草莓灰霉病

1. 病害症状

主要为害花蕊和果实，也为害叶片、叶柄、花柄等。花蕊发病时花萼呈水渍状，针眼大的小斑点，后扩展成较大病斑，潮湿迅速软腐，产生灰霉层。果实发病多在青果上，开始是果顶呈水渍状病斑后发展成褐色病斑湿度大时病果湿软腐烂。

空气干燥时病果呈干腐状，最后蔓延到全叶，叶片腐烂、枯死，病部常产生灰褐色霉状物发病后期易引起早期落叶。

2. 发生特点

病菌喜温暖潮湿的环境，发病最适气候条件为温度18～25℃，相对湿度90%以上。草莓灰霉病的发病盛期在2月中下旬至5月上旬及11—12月。草莓发病敏感生育期为开花坐果期至采收期，发病潜育期为7～15 d。

3. 防治措施

（1）农业防治。

①选择优良抗病品种。

②水旱轮作。

③开花前期、开花坐果期和浇水前喷药防治，重点保花保果。浇水后加大放风量。

④一旦发病，应及时小心地将病叶、病花、病果等摘除，放塑料袋内带棚、室外妥善处理。发病后应适当提高管理温度。

（2）药剂防治。50%啶酰菌胺水分散粒剂100～1 500倍液、40%甲基硫菌灵可湿性粉剂800倍液、50%腐霉利1 000倍液、2亿枯草芽孢杆菌可湿性粉剂1 500～2 250倍液。

（五）草莓白粉病

草莓白粉病是由真菌界子囊菌亚门羽衣草单囊壳菌侵染引起的病害。草莓白粉病是草莓重要病害之一，在草莓整个生长季节均可发生，苗期染病造成秧苗素质下降，移植后不易成活；果实染病后严重影响草莓品质，导致成品率下降。在适宜条件下可以迅速发展，蔓延成灾，损失严重。

1. 为害症状

主要为害叶、叶柄、花、花梗和果实。叶片染病，发病初期在叶片背面长出薄薄的白色菌丝层，花蕾、花染病，花瓣呈粉红色，花蕾不能开放。果实发病后长出白色和灰白色粉状物，是病菌的菌丝体和分生孢子。

2. 习性及发生规律

发病原因发病与温、湿度关系：草莓白粉病为低温高湿病害，发病适宜温度15～25℃，分生孢子发生和侵染适宜温度为20℃左右，相对湿度90%以上。

发病与栽培管理的关系：大棚连作草莓发病早且重，病害始见期比新建棚地提早约1个月。施肥与病害关系密切，偏施氮肥，草莓生长旺盛，叶面大而嫩绿易患白粉病。

3. 防治方法

（1）农业防治。

① 选择抗病品种。

② 合理控制氮肥用量，多施磷、钾肥，合理密植；合理进行水肥管理。

（2）物理防治。

① 温度湿度过大时应加大放风量。

② 及时摘除老叶、病残叶、病梗、病果，集中带到室外深埋或烧掉，消灭菌源。

（3）药剂防治。发病初期，可喷洒300 g/L的唑菌啶酰菌悬浮剂800～1 600倍液或4%四氟醚唑1 000倍液或50%醚菌酯水分散粒剂每亩4 000倍液，每7 d喷1次，连续2～3次，常用药剂还有三唑酮、腈菌唑、氟硅唑、武夷菌素等。

（六）草莓褐斑病

1. 病害症状

主要为害叶片，受害叶片最初出现红褐色的小点，逐渐扩大成圆形或近圆形病斑，中央呈褐色圆斑，圆斑外为紫褐色，最外缘为紫红色，病健交界明显，后期病斑上出现褐色小点，多呈不规则的轮状排列，严重时病斑融合在一起，可使大片叶子死亡。

2. 传播途径和发病条件

草莓褐斑病以病菌以菌丝体和分生孢子器越冬，病菌产生分生孢子，借雨水溅射传播进行初侵染，后以分生孢子进行再侵染。一般均温17℃开始发病,病菌生长最适温度25～30℃。温暖高湿,时晴时雨有利于该病害发生。

3. 发生规律

草莓褐斑病以菌丝体和分生孢子器在叶组织内或随病残体在土中越冬,是翌年的初侵染源,翌年6—7月产生大量的分生孢子,借雨水和空气传播,病部不断产生孢子进行再侵染,并蔓延扩大,从梅雨季的后半期到9月之间的高温时期,特别是25～30℃高温、高湿的季节,发病重,漫灌和重茬连作栽培的发病重。

4. 防治措施

(1)农业防治。

① 因地制宜,选用抗病良种。

② 避免连作,合理灌水,当控制栽培密度,科学进行施肥避免氮肥过量,在田间进行操作时避免对草莓植株造成伤口。

(2)药剂防治。移植使用70%的甲基硫菌灵可湿性粉剂500倍液,浸苗15～20 min,带药液晾干后移植。

3.5%翠贝干悬剂3 000倍液叶面喷施与50%凯泽可分散粉剂1 200倍液叶面喷施,轮流使用。其他常用药还有嘧菌酯、戊唑醇、苯醚甲环唑、氟啶胺、吡唑醚菌酯、溴菌腈、腈苯唑、康普森斑立健。

(3)特效药配方。斑立健+苯醚甲环唑,对叶斑病效果独特。

(七)细菌性叶斑病

草莓细菌性叶斑病是育苗期和栽植缓苗期的重要病害之一。

1. 病害症状

初侵染时在叶片下表面出现水浸状红褐色不规则形病斑，病斑扩大时受细小叶脉所限呈角形叶斑，故亦称角斑病或角状叶斑病。病斑照光呈透明状，但以反射光看时呈深绿色。

病斑逐渐扩大后融合成一体，渐变淡红褐色而干枯；湿度大时叶背可见溢有菌脓，干燥条件下成一薄膜，病斑常在叶尖或叶缘处，叶片发病后常干缩破碎。严重时使植株生长点变黑枯死。

2. 发生时期

苗期，即8月中下旬至10月上旬。

3. 防治措施

（1）防治药剂。中生菌素、春雷霉素、乙蒜素、络氨铜、噻唑锌、叶枯唑、氢氧化铜、壬菌铜、可杀得三千、康普森细菌立健。

（2）特效药配方。细菌立健+噻唑锌，对细菌性叶斑病效果独特。

（3）田间管理。避免重茬，多使用微生物菌剂和菌肥，增加通透性。

（八）黄萎病

草莓黄萎病是真菌性维管束组织病害，是移栽期前后发生较重的病害之一。

1. 病害症状

初期叶片边缘水浸状，叶片、叶柄产生黑褐色长条形病斑，然后叶片萎蔫、缺素，无新叶生长，病株下部叶片变黄褐色时，根便变成黑褐色而腐败，最终整株地上部分萎蔫、枯死，根部腐烂。有时植株的一侧发病，而另一侧健康，呈"半身凋萎"症状。中心柱维管束不变红褐色。

2. 发生时期

9月下旬至10月开始发病。

3.防治药剂

敌克松、噁霉灵或甲霜·噁霉灵、申嗪霉素、乙蒜素等。

无特效配方，整地时最好进行土壤消毒或者高温闷棚，避免重茬，增施有机肥，特别注意补充有益微生物，移栽时使用土之星微生物菌剂，防止田间积水，避免重茬，移栽时用噁霉灵沾根。

（九）芽枯病（立枯病）

芽枯病又称草莓立枯病，是土壤真菌病害，在整个草莓生育期均可发病，常与草莓灰霉病混合发生。

1.病害症状

主要为害花蕾、新芽、托叶和叶柄基部，引起苗期立枯，成株期茎叶腐败、根腐和烂果。

植株基部发病，在近地面部分初生无光泽褐斑，逐渐凹陷，并长出米黄色至淡褐色蜘蛛巢状菌丝体，有时能把几个叶片连在一起。

侵害叶柄基部和托叶时，病部干缩直立，叶片青枯倒垂。

开花前受害，使花序逐渐青枯萎蔫，急性发病时呈猝倒状。

花蕾和新芽染病后逐渐萎蔫，呈青枯状或猝倒，后变黑褐色枯死。茎基部和根受害，皮层腐烂，地上部干枯容易拔起。

从幼果、青果到熟果都可受到侵害，被害果病部表面出现暗褐色不规则斑块，僵硬，最终导致全果干腐。

2.发生时期

整个草莓生育期均可发病。

气温低及遇有多阴雨天气易发病，寒流侵袭或高温等气候条件发病重。多湿多肥的栽培条件容易导致病害的发生蔓延。密闭时间长，通风不及时，密度过大，灌水过多，高温高湿，发病早而重。

3. 防治措施

（1）防治药剂。多抗霉素、百菌清、异菌脲、肟菌酯等。常与灰霉病混发，注意综合防治。

（2）田间管理。避免重茬，适当稀植，合理灌水，保证通风，降低环境湿度。

二、常见虫害

（一）螨虫

1. 虫害症状

为害草莓的叶螨主要有朱砂叶螨（红蜘蛛）和二斑叶螨（黄蜘蛛）。主要以成、若螨群聚叶背吸取汁液，为害初期叶面出现零星褪绿斑点，严重时白色小点布满叶片，使叶面变为灰白色，植株萎缩矮化，叶片结网、停止生长，严重影响产量和果实品质。

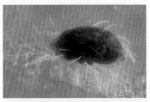

2. 发生时期

9月下旬至11月中旬、2月中旬至5月上旬。

3. 防治措施

（1）防治药剂。联苯肼酯、乙螨唑、哒螨灵、丁氟螨酯、唑螨酯、溴螨酯、阿维菌素、四螨嗪、螺螨酯（预防用）；加助剂，水量充足。

（2）田间管理。打老叶，放捕食螨。

（二）蚜虫

1. 虫害症状

为害草莓的蚜虫常见的有桃蚜和棉蚜，同时要高度警惕黄蚜的为害。常群集于叶片、
花蕾、顶芽等部位，通
过口针刺吸草莓幼嫩部
位汁液，影响草莓正常
生长，使叶片皱缩、卷
曲，严重时引起植株死
亡。同时分泌蜜露诱发煤污病，且传播病毒，引起病毒病。

2. 发生时期

9月下旬至10月下旬、3月上旬至4月下旬。

3. 防治措施

（1）防治药剂。氟啶虫酰胺、溴氰虫酰胺、氟啶虫胺腈、吡虫啉、啶虫脒、吡蚜酮、噻虫嗪、烯啶虫胺等。

（2）田间管理。挂黄色粘虫板，使用防虫网。

（三）斜纹夜蛾

斜纹夜蛾是一种暴食性、杂
食性害虫。在草莓育苗中后期一
直到开花结果期均会发生为害。

1. 虫害症状

幼虫通过取食叶片为害，低
龄幼虫只取食叶肉留下表皮，形
成"天窗"，为害严重取食叶片往往只剩下叶脉。

2. 发生时期

9月中下旬至10月中旬。

3. 防治措施

（1）防治药剂。甲维盐、虫酰肼、茚虫威、氯虫苯甲酰胺、虫螨腈、苏云金杆菌、氟虫双酰胺等。

（2）田间管理。使用防虫网，周边不种植豆科植物。

（四）蓟马

1. 虫害症状

蓟马种类很多，为害草莓的主
要有两种，分别是棕榈蓟马和烟蓟
马。主要为害心叶、花和幼果，造
成叶片扭曲，果实膨大受阻，发育
不良，果实僵硬。

2. 发生时期

9月下旬至4月下旬。

（1）防治药剂。乙基多杀霉素、蓟净、吡蚜酮·呋虫胺、溴
氰虫酰胺、氟啶虫胺腈、氟啶虫酰胺、联苯菊酯·噻虫嗪等。

（2）特效药配方。蓟净+烯啶虫胺，对蓟马效果特效。

（3）田间管理。挂蓝色粘虫板。

（五）白（烟）粉虱

虫害症状：白（烟）粉虱直接刺吸植物汁液，导致植株衰弱，
若虫和成虫还可以分泌蜜露，诱发其他病害的产生。密度高时，叶
片呈现黑色，严重影响光合作用。

防治药剂：高效氯氰菊酯、联苯菊酯、螺虫乙酯等。

（六）蜗牛和野蛞蝓

虫害症状：蜗牛成虫
和幼贝以齿食刮食叶、茎、
果，造成空洞或缺刻。野蛞
蝓以幼虫和成虫刮食造成缺
刻，并排泄粪便污染草莓，
常引起弱寄生菌的侵入。

防治药剂：四聚乙醛。

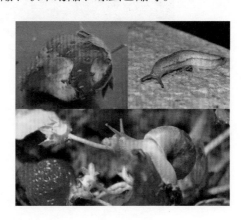

（七）地下害虫

虫害症状：为害草莓的地下害虫主要有小地老虎、蛴螬、蝼蛄，主要咬食草莓根、茎。蝼蛄在地下穿成许多隧道，使根土分离，造成幼苗失水枯死。

防治药剂：联苯·噻虫胺、呋虫胺颗粒剂撒施防治。

（八）蝽类

虫害症状：主要以针状口器刺吸草莓的叶片、叶柄、花器及果实的汁液，被害叶片破裂穿孔、花蕾变形枯死、果实畸形腐烂。

防治药剂：氟啶虫胺腈、氟啶虫酰胺、溴氰虫酰胺等。

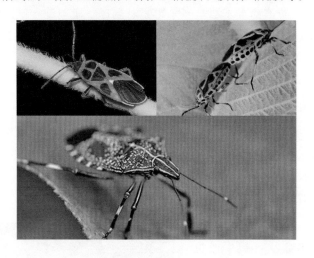